# 成功可以复制

一位北大学子的成功秘笈

周华 著

群众出版社

**图书在版编目（CIP）数据**

成功可以复制 / 周华著. --北京：群众出版社, 2015.9

ISBN 978-7-5014-5418-1

Ⅰ.①成　Ⅱ.①周　Ⅲ.①成功心理—通俗读物

Ⅳ.①B848.4-49

中国版本图书馆CIP数据核字（2015）第218166号

书　　名：成功可以复制：一位北大学子的成功秘笈

著　　者：周华

出版发行：群众出版社

地　　址：北京丰台区方庄芳星园三区十五楼

邮政编码：100078

---

经　　销：新华书店

印　　刷：北京通天印刷有限责任公司

版　　次：2015年11月第1版

印　　次：2016年4月第2次

印　　张：9.25印张

开　　本：880毫米×1230毫米　1/32

字　　数：268千字

书　　号：ISBN 978-7-5014-5418-1

定　　价：48.00元

---

网　　址：www.qzcbs.com

电子邮箱：exiaoxiaohong@hotmail.com

营销中心电话（批销）：86-10-83903254

警官读者俱乐部电话（邮购）：86-10-83903253

读者服务部电话（门市）：86-10-83903257

文艺分社电话：86-10-83901730

---

# 有人爱 有事做 有所期待（序）

俞敏洪

新东方教育科技集团创始人、董事长兼总裁俞敏洪

周华是我的大学同窗，更兼室友。走进北大的第一天，我在宿舍见到的第一个人就是他。

今天的周华风度翩翩，有着成熟和成功男人的魅力。但当时的周华，只是来自北京昌平南口镇一个很土的小男孩，一个充满了梦想却不知道梦想在何处落脚的青涩少年。他是军队大院子弟，所以，最常见的就是他平时穿着旧军装的身影。

对周华，我最深刻的记忆是在大学的第一个学期。有一天，我坐在床边，对着窗外发呆。从农村来到北京大学的我，普通话说不好，学习成绩跟不上。当秋叶从窗外的杨树上瑟瑟飘落的时候，我心中充满了忧伤，情不自禁地叹息一声，自言自语道：“我真的好想家！好想回到农村啊！”周华刚好在宿舍，默默递给我一个苹果说：“面包会有的，一切都会有的！”

在大学生活中，周华有两件事情让我记得最清楚。一件是，他总是在背诵一种名叫《The Man Who Escaped》的中级英语教材，不断地背，不断地高声朗读，结果到了滚瓜烂熟的程度。他因此逐渐成为我们班口语最好的学生之一。我后来开始背诵《新概念英语》课本，一定程度上就是受了他的影响。第二件事情是，他会拉小提琴。因此，在班级联欢或者系里联欢的时候，总有他演出的身影。这也让我这个任何乐器都不知道怎么拿的人充满了羡慕。当时，我们宿舍楼和女生楼挨得很近，楼道打横的那个窗户与女生楼东头的窗户凌空只有大约数米之隔。周华经常会到那个窗户边上去拉小提琴，大概是为了吸引女生注意。可惜好像没有太成功。有的时候，他还会被女生吼：能不能不拉了！当时，北大一度风靡的是抱着个吉他自弹自唱，周华不久也转向了吉他。最后，他又成了这一时尚潮流的一把好手。

与俞敏洪在北大演讲的海报（2009年）

在北大，我是一个随波逐流的人物，成绩不优秀，也没有太多的动力去追求优秀。但周华不一样。他自制能力很强，规定了学习目标就一定要设法完成。他睡觉起床都特别有规律，凡是想学会的东西都很专心地去操练。结果，大学期间，他的英文水平直线上升。毕业时，他已是我们班优等生中的佼佼者了。毕业后，他大约也是我们班第一个出国进修的人（女同学外嫁他国的除外）。他在文艺方面也显现了出色的才能。我在北大连皮鞋还不知道怎么穿的时候，他就能够很潇洒地出入周末北大的各个舞场，得以用优美的舞姿来吸引众多美女的眼球了。

到我们大四的时候，中国已经开始向世界迅速开放，物质生活的力量开始渗透到了大学生活之中。我记得，我们班有个同学从日本弄回来一个随身听，配了立体声耳机。当时，我们还是第一次见到这么小的耳机。那个同学很是慷慨，将耳机一一塞到每个同学耳朵里。美妙的音乐就从耳机流泻到我们的耳朵里，我们莫不惊为天籁。北大本是世外桃源之一，学生们除了泡图书馆，天天讲着些尼采、叔本华之类的言论，还有就是纯情地恋爱了。但随着物质生活的渗透，大家的眼睛也开始往外探了。我们习的是英国语言，故而会得风气之先，免不了谈论一些物质生活的话题。记得有一次在宿舍，我说我最大的愿望是拥有一辆崭新的永久牌自行车，周华却说，他的愿望是拥有一辆保时捷汽车。我现在还记忆犹新的是，我当时的反应是张大了嘴合不拢的感觉，觉得这是一个几辈子都不能实现的梦想。

现在的周华，经过三十年的奋斗之后，不仅拥有了汽车，而且拥有了价格和品质都超过了保时捷的宾利汽车，当然更加拥有了一份比汽车更值钱的事业。今天的我，尽管还没有买过保时捷或宾利，但也拥有了自己奋斗的平台——“新东方”，一个让人兴奋和充满期待的地方。

大学毕业之后，我们各奔东西。除了偶尔联络，我和周华没有见过几次面。大家都各自忙着事业和家庭，在渴望成功的驱使下，拼命工作和寻找机会。

我一直以为，周华的成长之路会一帆风顺，因为他的才华，因为他的志向。在读完他这本《成功可以复制：一位北大学子的成功秘笈》后，我不禁掩卷叹息。首先，我没有想到他的成功之路也充满了艰辛。本来，他可以在中国外交系统发展，可以很顺利、很体面地成为一个优秀的外交官或驻外大使，但他选择了辞职，然后自己创业。在举目无亲、毫无人脉资源的澳洲，他卖过保险，做过直销，甚至身无分文过。但最后，他终于闯出了一条道路，成了澳洲房地产经营最出色的企业家之一。其次，我没有想到，他在大学时许诺自己的话并非信口雌黄，而是确实表达了心中的一个梦。这个梦伴随了他这么多年，一直没有褪色。到今天，依然在推动他的生命前行。当然，他这个梦已经升级，现在变成了波音737商务飞机。

其实，重要的不是钱，也不是由穷变富的过程，更非炫富，在周华身上，体现的是一种不服输的精神。这种精神大学时代就蕴藏在他心里，一直延续到今天。周华经常说的一句话是："改变了人的思维，就改变了人生。"他帮助很多朋友寻找到了更好的生活，增加了很多人对于自己的信心。他也常说，人的大脑程序改变了，行为自然就变了。他变了，我也变了。我们的长相除了变老一点儿，没有改变太多。我们改变的是我们的思维，是我们的大脑程序。

周华很喜欢一句话：有人爱，有事做，有所期待。他有人爱，爱他的父母、兄弟姐妹，爱他的妻子和儿女，他们也都爱他；他有事做，对把自己创办的公司做好有着无限的信心；他更有期待，期待有一天能够坐着自己的商务飞机来经营他的商务。我等待着这一天的到来，让我也能够搭乘他的私人飞机去周游世界。

2015年3月

于北京

与同窗俞敏洪（右二）、于晓（左二）和王劲（左一）（2011年）

# 献辞

我把本书献给我的母亲穆舜娥和父亲周鸿昌。我要衷心感谢他们，给了我人生最珍贵的两个礼物——生命和奉献精神。

我小的时候，父亲经常出差。因此，我的人生观、价值观更多地是从母亲那儿得到熏陶和影响。她话不多，却从来都会去身体力行、以身作则。除了给我无条件的母爱，她还始终鼓励我去大胆地追求自己的梦想。不管我的梦想变了多少次，不管我的梦想听上去多么天真或不切实际，她总是鼓励我。这让我感到，只要有梦想，只要肯努力，一切皆有可能。

母亲还用自己的行动，让我学会了为人要谦虚，要大度，要尊重每一个人，并把他人的利益放在自己利益之上。更重要的是，她教会了我如何做一个慷慨之人。

初中的时候，大哥周刚在北京师范学院教书，二哥周勇和姐姐周健都去当兵了。我经常陪母亲在部队大院散步，听她一遍遍讲如何做人，如何尊重每一个人；不管这个人的出身、地位如何，都要真心地去尊重他。我母亲真正做到了言传身教。她尊重每一个人，并尽力帮助他人。

我父亲也是这样对待他人的。受父母的影响，我学会了如何尊重别人，并真正认为，人与人之间应该是平等关系。每个人都有长处及弱点。每个人的境况都是可以改变的。

我和我的两个哥哥及姐姐都特别尊敬母亲。她也赢得了所有认识她的人的爱戴。虽然她身高只有一米四四，但在我们心中，她是世界上最高大的人！她是力量和慷慨大度的最佳典范。

母亲不幸于2008年11月3日去世了，享年八十六岁。

这一年，母亲住了九次医院。我每个月都会回国看她一次。每次离别时，我都同她有约："妈，我下月还会来看您。一定要等我回来呀！"

我总想给她一些期待，使她能和我们在一起多些时日。10月底，我回京的时候，她已处于半昏迷状态。哥哥姐姐说，之前的几天，她一醒过来就问我哪天回来。由于听力几乎完全丧失，他们只好在一张纸上写下倒计时。

我于10月31日，星期五晚8点半从悉尼抵京。二哥一接上我，就赶到铁路总医院去看望母亲。那些天，她已变得极为虚弱。由于呼吸困难，她需要大剂量吸氧。当我到了病房，并把脸贴近她、问候她时，她意识到我终于回来了。她冲我微笑了一下，露出欣慰之情。我问她是否想吃一口雪糕。自从病重以来，可能身体里火气大，她总想吃口凉的。她却回答说："太晚了吧？"我知道，她想吃，又怕我麻烦。于是，我飞也似的跑去给她买雪糕。吃了一口雪糕后，她以极微弱的声音问我："给小张买表了吗？"小张是我们家请来的阿姨。母亲病重期间，她在医院全天候照顾母亲，体贴入微，任劳任怨。我们全家都很感激她。9月回澳时，我说要买块好表送给她，以示感谢。就连这事，病重至此的母亲都记得。她就是这样，总把他人放在自己之上！

11月2日，星期日上午，我和姐姐周健去南口看望父亲，并陪他老人家到附近一家餐馆吃午饭。刚坐下，就接到二哥几个短信，说母亲总在喊我的名字，喊过十几次。母亲在呼唤我！我心急如焚，赶回北京母亲的病房时，已是下午4点左右。我和姐姐匆匆将脸贴近母亲。由于喘气困难，母亲脸上都是汗水。意识到我又回到了病房，回到了她身边，母亲睁开眼，给了我和姐姐一个毕生难忘的笑脸！这也是她最后的微笑……我最敬爱的母亲于第二天，即2008年11月3日早上6点半永远离开了我们。当初，医生给了她三到六个月的时间，可我们的母亲却顽强地坚持了十五个月！

我深爱我的母亲！她的离去，给父亲和我们带来了无限哀伤！可我又感到很幸运，因为我们曾经有过这样一个伟大而善良的母亲！

她曾给了我们那么多的爱与关怀！她教会了我们如何做人，做一个对社会和他人有用的人。

母亲穆舜娥永远活在我的心里！她永远是我人生道路上的指南和力量源泉！

我敬重世界上每一位母亲！

2015年6月

于悉尼

27 8 2005

Ironfish
Adelaide

与边兰和金彦等在墨尔本第二分公司开业仪式上（2011年）

创成

80创成于2011年4月12日正式进入天津。图为天津大学体育馆四千人演讲现场

和80创成董事会成员：前排左起叶有明、于晓、俞敏洪、刘东海，后排左起王劲、周华

# 目 录

在悉尼（2005年）

## 从“周华阁下”到临居人士

# 梦想试飞

这是1990年，我似乎踌躇满志。作为一名中国驻外文化领事，我开着一辆崭新的奔驰300E，住在市中心的一套有水景的豪华公寓里，几乎每日都要出席酒会、宴会，或是观看歌剧，参加电影首映式。我的妻子小叶是中国国际广播电台驻澳记者。在人们眼里，我们似乎已经拥有了成功和幸福。我们在尽情享受悉尼——南半球这座迷人的城市所拥有的一切。

看上去，我们似乎已经应有尽有了。

镜头快进到1991年初。我和妻子此时已经辞去了稳定且前途无量的公职，告别了年迈的父母及哥哥、姐姐，离开了熟悉的生活环境。我们仅凭自己熟悉的英语和对未来全新生活的憧憬，开始了一段未知的旅程。

“我们如何在澳大利亚这块新的土地上生存下去？我们能实现所梦想的成功吗？”

澳洲当时正处在经济萧条之中，我不能肯定马上能找到工作，也不能肯定没有了外交官身份，那些以前称我“阁下”的人们是否还会理睬我。我不知道我们全部的四千澳元积蓄能让我们维持多久。我知道如何组织中国京剧团来澳访问演出；我可以在鸡尾酒会上同人们推杯换盏，轻松交谈，可我能把这些技能写在求职简历上吗？这些技能又能帮我找到什么样的工作？我大学毕业后是由国家分配的工作，还从来没有自己找过工作呢！

我的澳洲临时签证允许我享受一些政府补助，但我不会去领救济金！那可太没面子了！北大西语系高才生、前外交官周华去领救济金？

饿死我也不会!

我还想起了在机场告别时父母脸上的泪水。他们都快七十岁了。当初我向母亲提到要辞职移民澳洲时，她不以为然地说：“你为什么要离开这么一个高尚、令人羡慕的职业而移民澳洲？你知道，有多少年轻人梦想得到你要放弃的工作吗？说话就三十了，你何苦要到那么远的一个陌生的地方去从零开始？”父亲说：“我和你妈都这个岁数了，你还让我们为你们操心！我们还能活多久？下次见面还不知道什么时候呢，谁知道还能不能再见到你们。”

那一次，父亲还提起了我那辆旧自行车。它是我考上北大后父母送我的礼物。虽然我已决定移民澳洲，父亲还是不同意把它送人，执意要给我留着，说万一我们在那边生活不下去，决定打道回府后还可以骑。母亲说，如果那边太苦你们就回来，爸妈随时欢迎你和小叶回来……

这是我人生的一个故事。从中国到美国，又从北京到悉尼。在不断追求与奋斗中，我一步一步地向着自己的梦想奋进。我的交通工具已经从那辆旧自行车变成了一辆崭新的宾利汽车。我对当时做出放弃一切、从零开始的决定感到自豪，并对祖国以及第二故乡——澳大利亚充满感激和热爱。我能走到今天，主要归功于父母的言传身教，使我养成了对生活、工作及事业的积极态度。这种积极态度使我能够充分利用澳大利亚提供的机会，去追求我和家人的梦想。

很小的时候，我就养成了一种极强烈的自信，而且永不言败。这种近乎天真的自信，加上敢做他人不敢做之事的勇气，使我在人生中取得了一些成果，得以建立起了自己的财富王国。

上学时，我并不是最好的学生；在公司，我也不是最好的推销员。但很小的时候，我就养成了一种极强烈的自信，而且永不言败。这种近乎天真的自信，加上敢做他人不敢做之事的勇气，使我在人生中取得了一些成果，得以建立起了自己的财富王国。我经常思考创业理念，寻找一切可能的机会，并以参加许多讲座和大量阅读来丰富知识、开拓视野、扩展思维。我深以为，如果我的内心不再成长，我的事业就不会成长，我的成功之路也就不会越走越精彩。我更知道，只有我在内心里不断成长进步，我的人生才会越来越华美。

胸戴北大校徽，梦想有一天能拥有自己的轿车（1980年）

## 从远郊到北大

# 自行车的年代

许多成功故事都会把主人公的昔日说得很惨。这几乎成为一种俗套：主人公早年衣食无着，或栖身无地，甚至不得不下煤窑挖煤或上街乞讨；他的父母目不识丁，穷困潦倒。总之，无可忍受的悲惨境况迫使他发奋求生。

我的故事开始处毫无传奇色彩，平常却快乐。我性格里重要的部分是在一个相对单纯的环境下形成的。这一性格往往在关键时候，影响并决定着我的人生走向。

> 我性格里重要的部分是在一个相对单纯的环境下形成的。这一性格往往在关键时候，影响并决定着我的人生走向。

我的意识里，成长经历最关键的桥段并非如何摆脱家庭的极度贫困，而是如何摆脱我自己以及周围人们在眼界和思维习惯上的局限。

我有幸成长于中国社会巨变萌动的时代。“文革”结束后，改革开放的序幕拉开了。此前，我曾享受过一名少年应有的天真与无忧的快乐。而在此后的年月，我又尽可能努力地去把握住新时代为年轻人展现的各种机遇。这些努力与变化，最终引领我走上了一条我自己和家人都远未想到的成功道路。

北京城西北五十公里的地方，有一个名叫南口的小镇。小镇北面依山，我家就在镇上一个部队大院里。母亲是医生，父亲是军官。相较中国当时的现实，我小时候的成长环境算得上舒适和温馨了。

家中四个孩子里，大哥已在“文革”前的1965年考入大学。“文革”那些年，虽然社会很乱，我和二哥、姐姐基本上是在部队大院这种相对安全的环境下长大的。虽说那时物质条件比今天落后许多，人们做梦也不会想到，有朝一日会拥有彩电、录音机、电脑、DVD、互联网、手机等，但我们的童年时代大半是在无忧无虑的玩耍中度过的。当时，我最爱玩的游戏是在石桌台上打乒乓球、踢足球、摔跤、打垒、跳房子、藏猫猫、扔包、抽汉奸（陀螺）、抽鞭子、砸炮儿、推铁环、打链子枪、溜冰车、翻方宝、拍烟盒等。

大哥周刚和姐姐周健比较喜欢读书，我和二哥周勇更喜欢户外活动。父母亲总是放手让子女们去做他们喜欢的事，从不横加干涉。我们因此得以开心地享受儿时生活，自主自己的成长历程。童年生活对我来说，充满了自由自在的回忆。那时，父亲经常去外地出差，母亲工作也很忙，家里常年有位老奶奶（保姆）照看我们。每天放学后，我不是跑到附近山上去摘酸枣、野杏，就是和同学一起踢足球，打乒乓球。有时，我们还会一连几个钟头在树林里投掷石子。论投掷技术，我们肯定能成为纽约扬基棒球队的明星级投手。后来，大学手榴弹投掷比赛的时候，胳膊比我粗的同学投得还不如我远呢。

> 小时候，家庭经历的一次挫折却在无形之中，成为我性格形成的一个契机与人生发展的一个动力。

虽然我在无忧无虑的生活中长大，但小时候家庭经历的一次挫折却在无形之中，成为我性格成型的一个契机与人生发展的一个动力。

父亲在军队原本有很好的发展前途。他抗日战争期间入伍，经历过抗日战争、解放战争和抗美援朝。抗美援朝时，他已是副团长。他不仅聪明能干，且为人非常正直、善良，非常乐于助人。无论干部还是战士，都非常喜欢他。如果不是早年一次重大失误，他本可能顺利晋升。军队大院里等级森严，我们这些生于斯、长于斯的孩子耳濡目染，从小就知道区分官衔。孩子们都知道自己父亲的官衔，以及父亲和朋友们的父亲在军阶上是什么关系。

由于父亲职业生涯的挫折，我和两个哥哥和姐姐都有一种强烈

十三岁的我（前排左一）和父母、哥哥、姐姐（1975年）

的愿望，那就是要证明，我们同部队大院以及社会其他孩子们一样优秀。从某个方面来说，我们的成长由于家庭曾有这样的经历而因祸得福。它不仅让我有了异乎寻常的进取心，也使我形成了比较独立、好强的性格。因为我知道，我不需要依靠家庭地位或父辈的社会关系来实现自己的目标，也不用去巴结他人或讨好领导。我不必在意他人如何看待自己为达到目标而作的努力，因为我完全可以凭借自己的努力获得成功。为了让父母感到骄傲，我不管做什么，都力求做到最好，无论付出多大代价，都在所不惜。

对于一个生长在偏僻角落的孩子来说，这种人生态度让我获益匪浅。生活在南口小镇就像生活在偏远的乡下，镇上只有两万多居民，几乎没有为孩子们组织的活动。我和伙伴们只能发挥自己的聪明才智，想方设法来消磨时光。因为没有大城市的孩子那么好的条件，我很早就养成了遇事靠自己解决的习惯。高考复习那一年，我慕名而去、紧相追随的英语老师调到北京市区，我这个准备报考英语专业的重点中学学生在高考前最关键的六个月里竟然没有了英语老师。无奈之际，我只好跟定电视讲座学习英语。

我各科成绩一直全优，在体育和各种课外活动方面兴趣十分广泛，所以在学校很有人缘。广泛的兴趣爱好让我和每个人都有共同语言，也因此和班里所有同学成了朋友。后来读过的不少书上说，如果你是家里最小的孩子，一般说来，你比较容易跟从他人。因为你的哥哥、姐姐会为你做很多事，你的利益也有他们来替你维护。世界上许多出色的领导者都是家中的长子或长女。以这种观点来看，作为家中最小的孩子，我的确很依赖我的哥哥、姐姐。不过，在学校以及在朋友们中间，我倒一直是个“孩子王”。

小学和中学，我一直是班干部。每次踢足球的时候，总是我来挑选我们这边的队员。午休时排队回家的路上，我总会想出一些好玩的事情让大家做，快快乐乐地享用这二十分钟。比方说，让两名同学出列赛跑，看谁最先摸到远处的电线杆。每次快要散队的时候，我都会带领大家齐唱《大刀进行曲》。唱到最后，齐声喊完一个“杀”字，自动解散，各回各家。

我们班十五个男生中，有十三个住得都很近。每天午饭后，十二个同学都会来找我，一起去上学。有一天，他们过来的时候，我正在理发。那一次，我剃了个光头。之后，我提议大家都来个光头。他们倒也利索，莫不当下响应。我们这十三个“光头和尚”出现在学校时，吸引了所有目光。不用说，我们的样子让老师大为恼火。

虽说我在同龄人里是个“头儿”，在陌生人面前，我却十分腼腆。我比较喜欢曲艺表演，说过相声，表演过山东快板。我也很喜欢给朋友们讲笑话。我大哥经常说：“周华应该找马季学相声去！”但我却不愿意在陌生人面前表演。父亲对我这方面的天分十分骄傲，每次家里来了客人或出门串亲戚，总要让我表演，而我总是因为紧张而迟迟不肯出演。每次犹豫到最后，他都要冲我发脾气。虽然每次我都演了，但每次都是很不情愿。

部队大院里，邻里之间关系都很好，春节时候会互相拜年。每次只要有人敲门，我和大哥都会躲到里屋去。因为我们不好意思和街坊邻居寒暄。这时候，我二哥就会很大方地招呼客人，闲话家常。我不习惯和陌生人说话，所以给许多人的第一印象应该是很腼腆。

父母平时在家机会很少，老保姆总是鼓励我们多到外面去玩。我一放学，便会加入到各种玩耍当中，从摔跤、爬山到打乒乓球、踢足球，都不放过。我可着劲儿地疯玩，全然不去在意每天的挂彩。那时，我每天回家不是膝盖摔伤，就是胳膊划破。就是这样，童年时代在我的记忆里，充满着快乐与自由。

小时候，我好奇心很强，尤其喜欢冒险。有一回，我忽然对邻居家的缝纫机感起兴趣来，便把食指放到钢针下面。这一突发奇想让我付出了“血的代价”。因为喜欢玩锤子、钉子一类的东西，老保姆总要为我担惊受怕。每一次我玩剪子，她就会冲我喊：“小华，你要是不把剪子给我，我就要把你的耳朵剪掉！”有一次我心想，为什么不自己剪呢？于是，我真在自己耳朵上剪了一刀。大家没准儿还以为，这是梵·高艺术天分的早期征兆吧？可当我在镜子里看到满脸是血时，吓得大哭了起来。

> 大学以前，我三次同死亡擦肩而过。这或许可以解释，我在后来的生活中为什么会有那么多的好运。

中国有句俗话：“大难不死，必有后福。”大学以前，我三次同死亡擦肩而过。这或许可以解释，我在后来的生活中为什么会有那么多好运。

第一件事发生在我十岁那年。那时候，每逢星期六，我都要去南口火车站接大哥。他那时在北京师范学院历史系当老师。从我家去火车站要绕一段路。为了抄近道，我们这帮孩子每次总要横穿铁轨。我们经常从停驶的车厢底下钻过去，然后爬上对面站台。那一回我去晚了，一路跑过来的时候，看到大哥坐的火车就要进站，我匆忙钻进一节车厢底下，完全没想到一列机车正从另一侧很近的地方朝我开过来。

站里所有人都看到了这危险的一幕，只有我自己毫无察觉。幸亏站在车头一侧铁梯上的信号员朝我头上猛踹一脚，把我踢倒在一旁。否则，我肯定会被轧死的。尽管机车紧急刹闸，可车轮仍在滚动。摔倒后，我的腿还在铁轨上。

只听对面一个小伙伴大声喊："周华，腿！快滚！"

我猛地一下滚开了。虽然身上摔得瘀青一片，衣服沾满了轨道上的油泥，但我终归还是捡回了一条命。

当时，我完全没有意识到事情的后果有多严重，但心里还是有些后怕。我没敢去站台接大哥，一个人急匆匆地往家走，心里灰溜溜的，想着这件事我跟谁也不能说。

半路上有个大人问我："你是不是刚才差点儿让火车撞着的那个小孩儿？"我点了点头。这时候，和我母亲在同一家医院工作的邻家阿姨刚好路过，听到了。我母亲和老保姆因此也知道了，后怕得紧，当时就把我关了禁闭。

几年之后，我又一次差点儿没命。那一次，我去部队大院的游泳池学游泳。每天傍晚五六点之间，部队官兵都要去吃饭，游泳池里通常没有大人了。我当时并不熟悉情况，到了水里后才发现，水已深过头顶，双脚根本踩不到底。我赶紧将电影里看到过的姿式——踩水拿出来，可一点儿也不管用，只觉得身体不住地往下沉。我一边大喊救命，一边拼命想让自己浮起来。每次刚挣扎着扬起头喊一声，声音便随着身体下沉被淹没了。我喝了很多水。游泳池里当时还有其他孩子，可都和我一样不会游。幸运的是，还有两名军官正在另一侧游泳。他们发现情况后，马上游过来，把我救了上去。要是他们也遵守纪律、按时就餐的话，我今天就不会在这儿回忆此事了。

第三次危险的经历和火炉有关。北京冬天很冷，气温经常会下降到零下十几度。那时候，每到冬天，我们都要靠煤炉取暖。每晚睡觉前，都要往炉里添煤，将炉口封闭，只留一条极小的缝隙，让煤火在夜间尽可能少地燃烧。如果炉子没封好，炉火很容易在半夜熄灭。那一年，我正住校复习高考。一天早晨，天还没亮，我就起来了。我迷迷糊糊地走到炉边，弯下身子，想用脸去试试炉火是否正常。不料，炉子上插着一根通火用的铁钎子。我这一低头，铁钎子刚好戳到我左眼。我惨叫一声，只觉眼前一片黑，什么也看不见了。室友开灯一看，都吓得叫了起来。我满脸是血，就好像太阳穴中了一颗子弹似的。老师和同学急忙用自行车把我送到医院。好在这次事故没有对我的眼睛造成永久性的伤害。

现在回头来看，几次死里逃生的经历也让我懂得更加勇敢地面对生活。

这些事情发生的时候，确实非常可怕。现在回头来看，几次死里逃生的经历也让我懂得更加勇敢地面对生活。我虽逢大难，却完好无损。这使我相信，自己的生命一定被赋予了某种使命。

北京远郊偏僻的南口小镇给了我快乐而丰富多彩的童年生活。不过，有时我也会好奇地想，如果生长在北京城里，我后来的人生道路是否会因此而有所改变？我会不会一直追逐自己在体育方面的梦想，最终被某个顶级球队选中，成为北京版的贝克汉姆呢？我有可能成为一位乒坛明星、一名奥运选手，或者摔跤冠军吗？

事实上，在我十几岁的时候，中国社会的现实情况已经使我放弃了在体育方面有所发展的梦想。和当时许多同龄人一样，我不得不为今后的生活做一些更切合实际的打算。那个年代，一切充满了变数。1966年，毛泽东在全国发动了一场历时十年的“文化大革命”。“文革”开始以后，全国各地大批知识分子被送到农村从事体力劳动，所有大学一律停止招生，追求知识、学问被视为不光彩甚至反动的事。年轻学生最初纷纷参加红卫兵组织，被鼓动去摧毁一切中国传统文化遗留下来的东西以及一切来自外国的影响。大约从1968年底或

1969年初开始，大批城市青年又被送往农村插队落户，以便使他们经过多年的生产劳动后，在思维方式和情感上同辛苦劳作的农民真正走到一起。

那时候，经常会看到一些五花大绑、身上挂着牌子的人站在行驶的卡车上。我当时并不理解，他们为什么会受到这样的对待，只知道这是“阶级斗争”。新中国成立以前拥有土地和房产的人那时都被认为是邪恶的，被称作坏分子。“文革”时期的农村里，所有被贴上地主标签的人都会被当作阶级敌人，成为众矢之的。我家附近有一个人据说解放前是个地主，因此每天脖子上都要挂着一块“我是坏分子”的牌子，站在他家院外一幅毛主席像前“请罪”。那时我七岁左右，每天都和其他孩子一样，到他跟前去看热闹。我的童年时代虽然很快乐，很有安全感，但在我背着书包去上学的时候，和小伙伴尽情玩耍的时候，当时中国实在有着许多的动荡与冲突，只是我有幸不曾切身遭遇，得以闪身而过，童年的快乐与自由因此没有被折损。

那个年代，我们相信党和政府所说的一切，相信广播和报纸告诉我们的东西都是真实的。而这样接受到的信息有时又会让人非常糊涂，因为某位政治人物也许今天还被颂扬，明天就成了“阶级敌人”。我刚上小学时，每天早晚，大家都要手持语录，在毛主席像前“请示”“汇报”，每天到校后第一个小时都要学习和背诵毛主席语录。虽然我对语录的内容并不都能理解，但背诵语录成了我最早的记忆训练。我很擅长背诵，这个特点在我后来的英语学习中帮了大忙。

尽管军队大院为我的成长提供了一个相对安全的环境，但我还是要面对毕业后的去留问题。我的二哥和姐姐那时都已参军去了外地。这样，他们就不用到农村去插队落户了。我也想过，像他们一样去参军。但一想到寒冬的夜晚，在一座废弃的大炮库房外站岗的情景，就觉得毛骨悚然。二哥建议我去学小提琴。他希望我能掌握一技之长。这样，说不定毕业后可以参加一个文工团，就不用插队了。即使去插

苦练小提琴

队，也可以参加一个在农村巡回演出的宣传队，不用总在田里干活了。他还把自己的提琴老师介绍给我，让我跟着老师学。提琴老师是我们部队文工团的首席小提琴手。

开始我对学琴并不太喜欢，而且那时候我很腼腆，不好意思经常去文工团上课。除此以外，每次去文工团的时候，我都不好意思自己拎着琴盒，生怕人家耻笑。后来，我每次都叫上一个小伙伴，让他陪我一起去。这样，他就可以帮我提着琴盒了。我还在文工团里见过后来成了大腕儿电影明星的梁天，他当时刚进这个文工团演话剧。过了一段时间，学会拉一些简单的曲子之后，我才觉得，学小提琴是一件挺有意思的事。于是，也练得更加认真起来。

南口的冬天很冷，但我每天都坚持早晨5点起床，到部队大院礼堂去练长弓。这样，每天上学以前，我可以练上两三个小时。虽然开始学琴的时候只是为了一技之长，但我很快就爱上了小提琴演奏。我经常为了将一首曲子拉得更好，而一连花上几个小时。能在琴弦上奏出这样美妙的音符和曲调，让我感到巨大的快乐。那时候，我能演奏的曲目很少，只会拉一些中国曲子，比如《新疆之春》《新春乐》《红太阳光辉照炉台》等。

1976年，我还没有到上山下乡的年龄，“文革”便随着毛泽东的逝世而结束了。70年代后期，中国开始了改革开放的新时代，大学恢复了招生，教育重新得到社会的重视。

1977年恢复高考以后，上大学对于许多人来说，重新成为一件人生大事。我初中同班的不少同学都打算报考重点高中，为两年后参加高考做准备。我当时并没有考大学的打算，对体育和音乐更感兴趣，而且开始在这两方面下更大的功夫。我尤其酷爱小提琴。那时，我已经可以接触到许多过去从未听到过的西方古典乐曲。我希望音乐能成为我今后发展的一个方向。同时，我还花比以往更多的时间练习乒乓球，经常拿着铁拍子到部队操场去练挥拍的动作。

1978年夏天，我快初中毕业了，需要决定下一步的学业方向。虽然我一直是个全优生，但因为在我成长过程的大部分时间里社会对一个人的学业能力并不重视，受这种思维习惯的影响，又不想让学习给我带来太大的压力，我当时只填报了北京通县日化二厂技校的电子化工专业。上中专、中技在当时来说，也是一件刚恢复不久的事。我觉得，如果考上了中技，就不用像在大学里那样拼命学习，就可以把业余时间都花在我喜爱的小提琴上了。当时我对电子和电脑还一无所知，只是感觉电子专业应该是适合年轻人发展的一个令人兴奋的新领域。

当我接到日化二厂技校录取通知书的时候，反而犹豫了起来，不知道该不该去念。到通县去读电子化工专业，意味着我将从此走上一条新的人生道路。这一点让我感到兴奋和好奇。另一方面，这也意味着我要离开家乡和父母，多少让我有些不安。一般从某个工厂所属的技校毕业，都会被分配到这家工厂工作。那时候，从通县回一趟南口，坐长途车至少要花三个钟头，感觉还是挺不方便的。和父母商量时，他们还像平常那样，希望我能自己拿主意，无论怎样决定，他们都会支持我。因为我是家里最小的孩子，也是四个子女中唯一还没有离开家的，母亲从感情上有点儿舍不得我离开。她虽然没有说，但我能感觉到，加上我对新的环境和新的学校毕竟不太了解，最后还是决定留在我初中念的那所普通学校——南口中学，继续读高中。我的许多朋友这时已经考入附近的重点高中——昌平一中和昌平二中，开始为高考进行准备。

虽然我读书很用功，各科成绩在全校名列前茅，但我每天仍旧会花很多时间练习小提琴。这时候，上大学已经成为越来越多的年轻人向往的事，甚至连最早鼓励我学琴的二哥也开始劝我不要再练琴了，说我应该去上大学。尽管上大学这个想法对我来说有点儿突然，但我也意识到，当时的社会潮流已经发生了变化。虽说在我成长至今的大部分时间里，教育在中国都没有受到重视，但对于一个渴望成功的年轻人来说，掌握更多的知识和本领确实是通往未来的一条重要途径。我于是接受了二哥的建议。想让父母为我自豪的愿望无疑也给了我做出新的人生选择的动力。这一选择最终改变了我的人生道路。

上大学已成为越来越多的年轻人向往的事，甚至连最早鼓励我学琴的二哥，也开始劝我不要再练琴了，说我应该去上大学。

可是考什么专业呢？虽说我的数理化成绩一直很好，甚至在学校物理竞赛和县里数学竞赛上我都拿过名次，可我实在不太喜欢数理化。可要上大学总得选个专业呀，于是我想到了学英语。一方面我酷爱音乐，英语听上去很有音乐感。我说过相声，从小就喜欢模仿方言，从一开始学英语，老师就一直夸我发音好。另外，有一次我去北海公园春游，看见一位陪着老外参观的中国小伙子正在用英语给老外讲解。我被这一情景吸引住了，心里想，翻译这个工作不错啊，只要带着嘴，所有本事就都带上了，不管走到哪儿都能有饭吃。于是，我便选择了报考英语专业。

确定了考大学这个目标以后，我还需要给自己创造最好的机会。恢复高考后，中国每年有数以百万计的考生参加高考，还包括“文革”十年间没有机会上大学的许多大龄考生。1977年第一次恢复高考时，考生录取率只有大约百分之四，此后几年的高考录取率也仅比这个数字略高一点儿，可见当时高等教育资源之缺乏。当时，重点中学考生的高考录取率远远高于普通中学。1979年我十七岁。有一天，我和一个朋友骑车十几公里来到昌平二中，希望能和校长见上一面。我们初中毕业时错过了考这所学校的机会，现在离高考只剩下一年，想要转到这里上学必须得到校方的特别批准。在这以前，我曾听别人说过，昌平二中有一位教英语的徐老师，是北京外国语学院最早一届的毕业生。我们后来又跑了几次。鉴于我在此前的全市模拟考试中数理化三科成绩都在九十分以上，而且有这样高的求学热情，这所学校最终同意接受我进入文科高考复习班主攻英语。

我过去成绩一直优秀，但是到了重点高中以后，第一次考试成绩只排在班里中等。我的好强让我无法接受这样的名次。在以后的三个月里，我每天都会凌晨5点起床去教室读书，晚上11点回到宿舍。我的目标很明确，就是要成为全班第一。三个月后第二次考试的时候，我果然超过了原先成绩最好的几个同学，成为班上第一名。这件事让我清楚地意识到，我们是周围环境的产物，同什么人相处，我们就会变成什么样的人。所谓“近朱者赤”，就是这个意思。我还懂得了，一个人首先要有一个清晰的目标。有了这种目标，再加上坚持不懈的努力，就有可能达到期望的结果。在这以后，我也更加自信，知道自己完全有能力同任何人竞争。这种自信心，加上对于目标以及努力的重要性的感悟，在以后的生活中帮助我实现了更多的愿望。

> 三个月里，我每天都会凌晨5点起床，去教室读书，晚上11点回到宿舍。我的目标很明确，就是要成为全班第一。

> 我还懂得了，一个人首先要有一个清晰的目标。有了这种目标，再加上坚持不懈的努力，就有可能达到期望的结果。在这以后，我也更加自信，知道自己完全有能力同任何人竞争。

那一年我住校，只有周末能骑车回家一次。我们住在很大的集体宿舍里，学费是由国家负担的。我们睡的是上下铺。冬天夜里要去厕所，可就惨了。因为厕所是露天的，我们都是跳下床，撒腿就往厕所跑，解完手再飞快地跑回来。所以，夜里经常能听见各宿舍的同学快速的跑步声。

这一年，我很快为自己定下了新的目标。我要考上北大的英语专业。这个目标在当时这所学校，还没有人达到过。我仍然坚持凌晨5点起床，一直学到晚上11点，只有在去食堂吃饭的时候才休息一下。我放弃了所有课余爱好，把心爱的小提琴收了起来，把乒乓球拍挂在墙上，整整六个月没有任何娱乐。我的精力完全集中在学习上，生活变得非常单调乏味。母亲看到后暗自为我担心，怕我承受的压力太大，甚至怕我万一没考上，会不会做什么傻事。

有一天去食堂的路上，我忽然听到广播里正在播放李谷一唱的《我们的生活比蜜甜》这首歌。我觉得，这首歌简直太美了！当我被这首从校园广播喇叭里传出的歌曲感动得几乎落泪时，才意识到，自己的生活已经变得多么枯燥。我想象着有一天，自己会在北京大学校园，在美丽的未名湖边散步。我知道，我的目标实现以后，我就可以用轻松的心情去体验成功所带来的惬意；也会更愉快地享受我所钟情的各种美妙的音乐了；我现在的努力最终将会得到回报。

就这样，凭借着后来成为我成功基础的决心和韧劲，凭借着这种刻苦努力和全身心的投入，经过一年的时间，我终于以三百九十分的成绩超过了当年三百二十分的外语类考生录取分数线。

从高考录取比例来看，我考取北大英语专业的几率本来不大。因为北大英语专业在北京地区只招收二十人。而北京地区报考英语专业的考生成千上万。由于我最拿手的地理单科考试发挥失常，我的高考总分并不太高。英语单科成绩虽是全县最高，也只有八十八分。笔试这一关通过之后，我还要和一百四十多名考生一起冲刺口试这一关。这一百四十多名考生中，有不少是北京各大院校的子弟。现在回想起来，当时我一点儿也没有感到紧张，也没有怀疑过自己是否能考上。在这样的时候，我不想被“是否”“假如”之类的想法干扰。也许是因为求胜心切，当时我有一种近乎盲目的自信，相信自己一定会被北大录取。

口试那天，是大哥陪我去的。他北京师范学院的一些同事在这以前对他表示过疑虑，认为考取北大对我来说会非常困难。他们这种怀疑丝毫没有影响我的表现，因为我觉得，他们并不了解我和我在报考北大这件事情上的决心和信心。

我总相信自己能够得到期望得到的东西，相信自己能赢。

这也成为伴随我至今的一个性格特点：我总相信自己能够得到期望得到的东西，相信自己能赢。后来，当父亲接到电话说我已经考取北大时，我甚至没有感到特别兴奋。对我来说，这个结果早已是预期之中的。在我以后的人生当中，我逐渐明白了这样一点：我们在生活中得到的，只是我们期望得到的结果。换句话说，为了得到一种结果，你必须有相应的期望。在我后来读过的许多书里，也都可以看到这样的例子。中国有句老话，管这叫“心想事成”。

为了得到一种结果，你必须有相应的期望。在我后来读过的许多书里，也都可以看到这样的例子。中国有句老话，管这叫“心想事成”。

而即将展开在我面前的大学生活，则远远超出了我的预期。

1980年，“文革”结束后的第四年，我的大学生活开始了。这时的中国正逐渐对外间的世界敞开大门。那是一个多少有些让人眩目，又异常激动人心的年代。我以前听过的大部分歌曲都是革命歌曲，现在能够越来越多地听到吉他演奏的以爱情和人们日常生活为主题的乐曲。它们对我来说，有一种特殊的感染力。父亲特意给我买了一把吉他，作为考上大学的奖励。我对美国和英国的流行音乐和民歌非常喜爱。当时，西方国家正在流行新浪潮、合成流行乐、早期嘻哈和金属乐，而在中国，西方二十年前的流行音乐我们此时才刚接触到。

教我们口语的美国老师中文名字叫赫本安，为了帮我提高语言

十八岁的我（1980年）

技巧，送给了我一本美国民歌集。我自学了吉他伴奏，开始跟着“西蒙和葛芬柯”“彼得”“保罗”“玛丽”等欧美乐队的演唱录音学习英文歌。当我接触到甲壳虫乐队演唱的歌曲时，觉得他们的用声方法十分特别。我还记得，第一次听到爱情歌曲是在1978年我二哥周勇刚进新华社工作不久。有一天，二哥邀我到他宿舍去听一个叫“邓丽君”的人唱的歌。以前我听到的几乎全是革命歌曲或样板戏，心想，中文歌能有什么好听的呢。二哥把一台笨重的开盘式录音机搬到他的宿舍。刚一开始放，邓丽君唱的《香港之夜》就完全令我陶醉了。我简直不敢相信自己的耳朵。在这以前，我还从没有听到过用中文演唱得如此动人的爱情歌曲！

第一次见到砖形的盒式录音机时，我不懂得这种录音机如何使用。因为原先只见过那种笨重的开盘式录音机。记得有一回，一位大学同学说起“立体声”，我对这种东西是什么毫无概念，直到他让我试了一下他的随身听。那是我听过的最美妙的声音。

当时，我只有一辆自行车。那时候，拥有私家车是件无法想象的事。我上大学期间，雪铁龙被引进到中国。我于是开始梦想，有一天自己也能拥有一辆汽车。当国内重新开始引进西装时，我曾兴奋地对一个朋友说：“哇，能想象得出将来有一天我们大家都穿上西装吗？”在我看来，这样奇妙的景观简直不太可能在真实生活中出现，就好像说将来有一天，我们大家都会乘坐飞碟上下班一样。我曾在纸上信手涂鸦，画了些小人儿，个个都身着西装。我觉得，能在当时的中国长大，真是遇上了好时候。因为男士穿上西装在我看来，真的很帅。那些年里，让人感觉最赏心悦目的变化也许就是女士们已经不再穿那种色调

> 当国内重新开始引进西装时，我曾兴奋地对一个朋友说：“哇，能想象得出，将来有一天我们大家都穿上西装吗？”

单一、样式古板的衣服了。她们已经开始烫发、穿高跟鞋。

有一次，我和一个朋友经过东长安街上的北京饭店。这座饭店始建于20世纪初。新中国成立后很长一段时间，这里曾是举行国宴的地方，许多来访的外国领导人，包括胡志明、赫鲁晓夫和尼克松等人都曾在这里下榻。1974年饭店扩建以后，将近八十米高的饭店主楼一直到上世纪80年代初期，仍旧是北京城里最高的建筑。它是我们那时候看到过的最宏大、最豪华的饭店。饭店大门是自动的。当时，我还是第一次见到。

那时的北京饭店一般只允许官员、外国人和与外国人有关的中方人员进入。看着那些进进出出的人，我心里想，早晚有一天，我也会自由出入这座饭店，我将拥有这样做的权利。我不明白，为什么外国人能够出入豪华饭店，而像我这样的中国人就要被挡在门外。我知道，当时能出入这里的中国人只是少数成功人士。无论是政府官员、商人还是顶级翻译，能进入这里是他们作为成功者的一个标志。我明白，这也是我今后需要努力的方向。

我一方面用心感受着新奇、愉快的大学生活，另一方面，也在努力提高自己的英语能力。为了扩大词汇量，我经常会把国外杂志上的文章翻译成中文。记得有一次，在《时代》杂志上读到一篇关于“布鲁斯兄弟”乐队成员约翰·贝鲁西之死的文章，我当时不但不熟悉“布鲁斯兄弟”是些什么人，更不能理解“药物服用过量”这个概念。这些文章涉及到的许多内容和背景同我的成长环境与人生经历迥然不同，因此，阅读时常常会有一种震撼与错愕的感觉。

父母每月给我三十元生活费。大学第一年，有一次我买了一条当时很流行的牛仔喇叭裤。大哥知道后，不让我穿着它去他们学校看他。父母甚至要我把裤子扔掉，我当然不同意。最后，大家只好达成了

在北大学生宿舍（1981年）

一个折衷的方案：我只在北大校园内穿这种时尚、前卫的裤子。这个插曲从一个侧面反映出，那个年代新旧价值观之间的摩擦与冲突。母亲经常教育我，在学业上和人生追求上可以出类拔萃，而在日常生活中要尽量和大家伙儿一样，不要让自己太不合群儿。我那会儿比较喜欢前卫一些的衣服。我还买过一件有垫肩的条绒夹克衫，让母亲大跌眼镜。倒不是因为价格贵。其实，她总是宁愿买贵一点儿、质量好一点儿的衣服，只要服装样式不是古怪的那种。在我成长的过程中，父母总是鼓励我为人处世要低调。上大学以后，我觉得，一个人其实可以有自己的个性。

> 母亲经常教育我，在学业和人生追求上可以出类拔萃，而在日常生活中要尽量和大家伙儿一样，不要让自己太不合群儿。

刚上大学的时候，我只是一个来自偏远郊区的乡下男孩。北大校园里都是来自全国各地最优秀的学生，包括不少各省的状元。我们班几乎每一位同学的英语都说得比我好。入学第一天，简直让我有“惊恐万状”之感。

我们男生住在北大三十二楼。和我分在同一宿舍的有来自北外附中的帅哥王劲（曾任荷兰壳牌石油公司大中国区总法律顾问）、北京人刘潇、杭州人包凡一、温州人李毅和来自江苏江阴的俞敏洪。王劲从小学起，就在北外附小学英语。包凡一来自浙江大学教师家庭。他的美式英语发音在我听来，非常标准。同宿舍几个人当中，英语基础比较弱的大概只有我和俞敏洪两个人。我的英语单词发音还可以，对话能力就差了许多。俞敏洪英语发音不太好，讲英语和普通话都比较费力。我们一个来自北京远郊，一个来自江阴农村，初到北大的时候，面对这么多优秀学子，都有一种茫然无措的感觉。

在北大表演英文剧（1981年）

入学那天中午，大家在食堂排队买饭的时候，我听到前边两位同班女同学竟然可以用英语自由交谈，而我当时只能讲简单的英语。为了提高英语水平，我只有沿用以前练习小提琴和备战高考的方法，每天早晨5点起来读书。我会坐在楼梯上，借着楼道里的灯光，阅读从图书馆借来的英文书。开始的时候，每页都会遇到四五十个生词。我总是强迫自己逐字查阅字典，记下每一个单词的中文意思。我当时的阅读包括从狄更斯、简·奥斯汀到海明威、福克纳等不同英美作家的作品。在这个过程中，我忘记了查阅字典的枯燥，逐渐被这些作品的内容深深吸引和打动了。我从最初强迫自己查阅单词，到后来渴望掌握更多词汇，以便更自由地欣赏文学巨匠们的创作。

为了练好口语，我有时会骑车去颐和园，希望能找机会和英语地区来的外国游客交谈几句。我的一位专业老师告诉我，我说英语时还需要掌握正确的语调。我只好尽力克服自己怕羞的心理，主动去和外国人说话。我最早尝到被人拒绝的滋味就在那个时候。因为有些外国人旅行中并不愿意和陌生人聊天。有些人却很热情，看到有个中国年轻人愿意用英语和他们交谈，显得十分高兴。这也让我对学好口语感到更有信心。记得第一次遇到来自澳洲的游客时，我很难听懂他们说的话。我问他们是什么时候到北京的，他们回答“Today（今天）”。但是“Today”这个词，澳洲人的发音听起来和“to Die（去死）”是一样的。我费了好大劲，才弄明白对方的意思。那是我第一次接触来自悉尼的人。他们非常友好，很喜欢来中国旅行，对一个中国学生能上前跟他们讲英语，感到非常好奇。

第一学年结束的时候，我和如今已是北大英语系文学教授的刘锋成为班上仅有的两名全优生。我的英语专业能力，尤其是口语水平已经有了很大提高。我在各方面仍力求做到优秀，然而从内心成长而言，上大学后最大的一个变化是我在观念上的转变。我意识到，自己其实并不需要在各方面都成为第一。我需要去接触、感受生活的各个方面，而不需要在每一方面都成为第一。因为回过头来看，大学期间光有高分是毫无意义的。

> 我意识到，我其实并不需要在各方面都成为第一。我需要去接触、感受生活的各个方面，而不需要在每一方面都成为第一。

从大一开始，我便广泛地参加到系里和大学各种体育和文艺活动之中。我在中学时曾经同时参加学校和县里的乒乓球队和足球队。到了北大，虽说我平时给人的印象仍然比较腼腆，可一旦玩起来，我就变成了另一个人。由于我什么都喜欢玩，而且会玩的东西很多，很快同学们就对我另眼相看了。我不仅参加足球赛、乒乓球赛、运动会和歌咏比赛，还喜欢跳交谊舞、迪斯科，弹吉他唱歌，演英文话剧。当我在系运动会上同时参加跳远、三级跳远、4×100和4×200米接力赛，并获得三级跳远第一名时，许多人看我长得并不高大，甚至有些瘦弱，根本没想到我能获得第一名。参加各种课外活动也让我结识了许多其他年级和专业的同学，逐渐找到了一种自在的感觉。我还被选为系学生会的文体委员。我意识到，虽然有些同学比我长得帅，有些同学读书比我多，但我还是可以按自己喜欢的方式度过我的大学生活，不

> 我意识到，虽然有些同学比我长得帅，有些同学读书比我多，但我还是可以按自己喜欢的方式度过我的大学生活，不需要向任何人证明任何东西。

在北大宿舍练习武术（1983年）

需要向任何人证明任何东西。

1983年，我上大三的时候，大哥得到了一次去美国深造的机会。对于刚对外开放不久的中国来说，美国是资本主义社会的典型，也是物质繁荣的象征。

起初，我非常希望做一名联合国同声传译员。1983年的一天，我在系里的布告栏上看到一则通知，一个培养文化外交官的双学位项目即将在北大开设。我从没有想过要做外交官，但外交官是一个能够代表国家走遍世界的职业。这个职业在我眼里充满着荣耀和诱惑力。这个新项目要从包括北大在内的五所北京高校选拔二十多名学生。经过口试和笔试，我很顺利地被录取了。

大哥去美国以后，我一直梦想有一天我们能在美国团聚。我十分渴望也能有机会去美国学习。这样，可以进一步提高英语水平，也能让我近距离了解美国社会。这个机会来得比我想象的还快。

就在双学位项目开始后不久，根据中美两国间达成的协议，美国迪斯尼公司将从我们这个项目和设在北京外国语学院的另一个双学位项目中挑选六名学生，到美国学习一年。这个消息让我异常兴奋。然而，要成为最终被挑选的六个人之一，并不容易。经过笔试和口试两关淘汰之后，最后阶段的候选人还要接受迪斯尼公司代表亲自面试。竞争格外激烈。当时我唯一的想法是："我一定能去！我一定是这六个人之一！"我期望的结果又一次出现了。最后六个人的名单中果真有我！

我们将要去的不仅仅是美国，而且还是美国文化中一个颇具象征意义的地方——迪斯尼世界。我获得了一项前往美国佛罗里达州艾波卡特中心学习的奖学金，将在那里同来自其他九个国家的学生一起学习一年。我得知面试结果后思绪万千，想到我这个来自南口、至今还没有开过汽车的乡下男孩，就要亲眼看到世界上最大的汽车王国了！我将亲眼看到世界流行音乐之都，看到田纳西·威廉姆斯和海明威笔下那些故事发生的地方！想到这些，我已经迫不及待了。

我这个来自南口、至今还没有开过汽车的乡下男孩，就要亲眼看到世界上最大的汽车王国了！我将亲眼看到世界流行音乐之都，看到田纳西·威廉姆斯和海明威笔下那些故事发生的地方！想到这些，我已经迫不及待了。

和小叶的结婚照（1987年）

## 从迪斯尼到悉尼歌剧院
# 领馆奔驰的年代

我是在1984年9月到达美国的。虽然来这里只需一次飞机的航程，但它和我的祖国之间，却仿佛相隔百万英里。当时的美国总统是罗纳德·里根。在此之前，他曾经发誓要摧毁以苏联为首的共产主义“邪恶帝国”。美国政府在扩展本国军力的同时，也在大力资助亚、非、欧各洲许多国家的反共团体，冷战局面有向热战转化的趋势。

这一年，也是一种名为“快克可卡因”的新型毒品开始肆虐美国的一年。随着这种新的瘟疫从洛杉矶向美国各地蔓延，越来越多的年轻人沾染上毒瘾，导致美国连续六年出现大量暴力、抢劫、谋杀等社会问题。范妮莎·威廉姆斯虽然摘取了这一年度“美国小姐”的桂冠，却因《阁楼》杂志刊出她以前的裸照而不得不放弃这个称号。人们此时又重温起乔治·奥威尔创作于1948年的一部名为《一九八四》的小说。这部小说以悲观主义的笔调，描绘了未来的世界。书中描绘的处于极权主义统治下的人类社会及这一社会中人们的内心状态，重新成为美国人辩论的话题。

这一切对于我来说，都是全新的经历。我来自北京郊区，有着作为普通中国人的民族自豪感，同时也支持中国政府当时奉行的政策。我在军人家庭长大，父亲、二哥、姐姐都曾在军中服役。我来美国，也得益于政府支持的一个学生交流项目。我的忠诚自然属于我的国家。与此同时，如何认识美国，认识这个正在辩论着民主、社会组织等深刻话题的国家，对我来说，确实是一项挑战。除此以外，美国又是一个被犯罪、暴力、吸毒等社会问题困扰的国家。中国政府当初意识到，我们这些学生赴美后可能会遇到一些让我们困惑的东西，所以在决

小叶在北大（1985年）

定是否派我们赴美的问题上，态度也是有所反复的。负责项目的官员一方面觉得，对中国年轻人来说，那确实是一个难得的学习与交流机会。另一方面，他们又不免担心，怕我们万一“学坏”，也怕我们万一学成后会留在美国，而不是用我们学到的本领效力于祖国。

就我本人直接接触到的美国而言，所见所闻确实让我感到惊异。因为是迪斯尼公司提供赞助，我们这些学生都是坐商务舱来美国的。对我来说，舱位等次没有任何区别。因为赴美以前，我还从来没有坐过飞机。旅行过程中，我只是在内心里感叹人类这项发明竟然能飞得如此高，如此快，简直令人瞠目结舌。不过，这还只是一连串令我惊奇之事的开始。

在飞机上，坐我旁边的是来自北京外国语学院的何小叶。在此之前，我们虽见过一两面，但从没有说过话。以我给人的第一印象来说，我想她可能从来都没有注意过我。飞机上坐在一起了，我们就有机会用英语交谈。小叶很健谈，人长得漂亮，也很大方。她的英语口语很流利。小叶可能没想到，我这个相貌平平的北大学生也能讲一口流利的美国英语。她告诉我，她的父母亲都是音乐工作者，父亲拉小提琴，曾担任过作曲和指挥，母亲是拉大提琴的。我告诉她，我也曾经学过小提琴，还喜欢弹吉他、唱歌。我想，小叶当时肯定没觉得我真会唱歌。

也是在这个时候，我生平第一次尝到了奶酪和橄榄。以前只是在文学作品中经常读到，知道它是西方人的日常食品。我一直还以为，奶酪的味道会像奶糖，橄榄是一种形状似枣的水果。所以，当我把它们放进嘴里的时候，差点儿没给咸死，赶紧吐了出来。从那以后，我好几年都不敢吃这两种东西。

> 短短一天时间，却经历了我人生中的好几个“第一次”。除了第一次坐飞机和第一次品尝奶酪，也是我第一次出国，第一次看见大海，第一次看到这么蓝的天。

我们的飞机终于到达佛罗里达州，即将在位于佛州中部的奥兰多

在国庆晚会上（1984年）

度过未来这一年。住地就在迪斯尼世界艾波卡特中心附近。从国内来到这个新地方，短短一天时间，却经历了我人生中好几个“第一次”。除了第一次坐飞机和第一次品尝奶酪，也是我第一次出国，第一次看见大海，第一次看到这么蓝的天。当时，北京还是一个工业中心，即使在南口这样的远郊地区，也可以看到一些高大的烟囱在喷吐着烟雾。那时候，整个社会还没有将注意力转向环保问题。记得在我长大的那些年里，空气中总有一层灰蒙蒙的东西。那时候，日出、日落看上去好像也更昏暗一些。

我们这一年的文化交流项目将要在艾波卡特中心展开。现在，许多人都知道“艾波卡特”这个名字。我们来的时候，这里刚刚开放不久。它向我们呈现着关于人类文明与未来生活的各种丰富多彩的图景。

艾波卡特中心的建立与迪斯尼公司创始人沃尔特·迪斯尼早年的一个梦想有关。那时候，美国的一些大城市因为过度拥挤、公交系统落后、教育资源缺乏等一系列问题而面临着危机。沃尔特·迪斯尼由此萌发了建造一座自己心目中理想城市的愿望。Epcot（艾波卡特）一词是由英文Experimental Prototype Community of Tomorrow几个词的头一个字母合起来组成的，意思是“明日社区的试验性样板”。迪斯尼希望建造一座具有示范意义的城市，向人们展示，如何用美国人最优秀的企业创新精神打造未来的完美社区。他曾阅读过许多有关公共卫生设施和城市规划的书籍，为构思这个计划投入了大量时间和精力。1982年，迪斯尼去世将近二十年后，在佛罗里达中部一片面积相当于两个纽约曼哈顿大小的土地上，他的梦想部分得到实现。

迪斯尼原本打算建造一座拥有两万居民的真实城市。随着时间的推移和设计者想法的变化，最终建成的艾波卡特中心是一座用来展示各国文化和科技创新成果的巨大的主题公园。主题公园包括“未来世界”和“世界橱窗”两大部分。每个部分又包括许多不同主题或不同国家的展馆。“世界橱窗”那时已经建成的部分包括中国馆、美国馆和其他八个国家的展馆，参加我们这个交流项目的各国学生分别代表自己的国家在这里生活、工作。

在美国迪斯尼世界担任司机兼导游（1985年）

我们这些中国学生自幼生长在对商业文化和企业创新精神缺乏重视的传统环境中，如今猛然发现，自己置身其中的是完全由一个人的梦想建造起来的巨大商业王国。这个王国集娱乐、文化和社会功能于一身，是一个和我们过去熟悉的一切截然不同的世界。除了迪斯尼公司的培训外，我们还参加了来自埃克森、雀巢、卡夫、亨氏等大公司的高管们为我们开设的商务课程。我们逐渐被吸引到一个属于米老鼠和动画片的奇幻世界之中。作为在艾波卡特中心工作的一个基本要求，我们每个人都学会了开车。在佛罗里达这个阳光明媚的地方，我还有机会与何小叶进一步相识。我们的爱情是从一次唱歌开始的。

到美国后不久，我就从迪斯尼一份周报的分类广告上看到有把旧吉他要转手，卖主是位法国女学生。经过双方讨价还价，我最终以二十五美元把它买下了。当晚，中国学生在驻地游泳池边举行聚会时，我告诉大伙，我买到了吉他。

聚会结束后，小叶问我想不想到她们宿舍去唱歌。那天晚上，我为她唱了许多首歌，从英美民歌、俄罗斯老歌、台湾校园歌曲到邓丽君的歌曲，不知不觉就到了凌晨。小叶很喜欢听，我也很喜欢唱。我们完全沉浸在美妙的音乐之中。就这样，我们从相识到成为好朋友，直至彼此相爱。我们之间不仅有许多共同的兴趣爱好，而且对不少事情都有相似的看法。我们从不需要掩饰什么，也不用强作笑脸来取悦对方。我们从来没有在对方面前失去自我，一切都顺其自然。我们成了最幸运的一对儿！

佛罗里达半岛位于美国本土的东南端，不仅拥有许多非常美丽的海滩，而且还保留着一些奇特的南方风情。当地几乎集中了所有代表美国特征的元素。除了迪斯尼世界以外，这里还有位于戴通纳海滩的国际车赛、美国职业棒球联盟在佛州各地的春季训练场、位于卡纳维拉尔角的航天飞机发射基地等。一些自豪的当地人时常问我，为什么我的英语会带有加州口音。这一点，连我自己也不清楚。一个能够想

和小叶参加国际才艺大奖赛（1985年）

到的解释是：这也许跟我喜欢看美国电视里的日间肥皂剧有关吧。这类节目确实很吸引人。后来播放的一部名为《勇士与美人》的肥皂剧，我曾经连续看过十五年。剧中人物瑞吉·福雷斯特当初还是个毛头小伙子，史蒂芬妮·福雷斯特和萨莉·史派特拉最早曾是一对冤家。到澳洲后，有一段时间，我每天都要把这个节目录下来，等周末有空，再连气儿把它们看完。这部剧让我窥见到一个高端时尚的世界，让我看到，在一个成功的商业王朝里，那些富有者到底如何生活。我身上的企业家细胞那时一定在问："假如我也能创造这样一个商业王朝，那将会是怎样一番情景呢？"这一类肥皂剧有许多是在加州洛杉矶一带拍摄的，说不定我的加州口音就是在看这些节目的时候不自觉地沾染上的。

我初到美国的时候，还不能全部听懂电视和电影里的对白。来美国一年以后，我就完全可以听懂了。我常听人说，要判断自己的语言能力如何，有一个办法就是，听听赛马解说。因为解说员语速会很快，语气也会很激动。我还看过不少美国情景喜剧。我最喜欢的喜剧演员是主演过《三人行》的约翰·瑞特。总之，我喜欢上了美国和它具有活力的文化。美国的生活方式向人们展现的如此丰富多样的可能性，让我感到不小的鼓舞。

在美国期间，我和小叶平生第一次买了一辆属于我们自己的汽车。这是一辆1974年的福特平托旅行车，买它共花了四百八十美元。这辆车平时开起来问题倒不大，只是遇到佛罗里达早晨空气潮湿的时候，就不太容易发动。另外，它驾驶室的门很难关紧。我们多数时候是从另一侧的门进去，再爬到司机座位上。车身浅蓝，上面还有几处凹痕。不过，我们并没有在乎这些。我们当时只觉得非常开心，因为终于有了自己的车。我们第一次体会到拥有私人财产的感觉。去美国以前，除了书和自行车这类东西，我们还没有什么东西是属于自己的。而这一回却是汽车，还着实是自己的。

> 终于有了自己的车。我们第一次体会到拥有私人财产的感觉。去美国以前，除了书和自行车这类东西，我们还没有什么东西是属于自己的。而这一回却是汽车，还着实是自己的。

我们双双拿到驾驶证的那一天，就迫不及待地利用周末，开车去了一趟迈阿密。现在想起来，这么做确实有点儿危险，可当时没想那么多。那一次玩得非常开心。迈阿密海滩的风光让我完全陶醉了。后来，向一个操西班牙语口音的人问路却被要求支付二十五美分时，我还真吓了一跳。那个时期，经常有整船的古巴人偷渡到美国，里根政府不堪其扰。在迈阿密街头，你会遇到很多讲西班牙语的人。有些人看上去似乎怀有敌意。当我问一位超市女店员会不会讲英语时，引来

同中国跳水队陈肖霞、谭良德、李孔正等世界冠军（1985年，迪斯尼世界）

和中国学生在结业仪式上（1985年）

她一阵大笑：“当然会讲啦，这是在美国呀！”另一件让我没想到的事情就是，我们走进一家当地中餐馆，一个中国人的影子也见不到。后来才知道，这家餐馆是古巴人开的。

刚到佛罗里达，我比较腼腆，不大有勇气主动结识陌生人。我经常接触的是我的意大利室友希尔维欧和几位来自中国的同学。由于我的兴趣比较广泛，这一年里，通过参加各种不同的活动，让人们对我有了更多的了解。我参加过迪斯尼组织的乒乓球比赛，最后获得了亚军，冠军曾是古巴国家队队员。我还以吉他演唱英语歌曲获得迪斯尼国际学生才艺表演赛第二名。在那一次活动中，我还和小叶一起给大家表演了一段探戈舞。在毕业典礼上，小叶和我分别被评选为本年度学生中的“才艺小姐”和“才艺先生”。

我们的交流项目结束之前的最后一次活动，是组织所有学员到华盛顿和纽约进行一次游览。那段时间，国际上发生过几起大的空难，失事飞机包括泛美航空公司和英航、日航的三架班机。由于这是有史以来空难发生最频繁的一段时间，人们对于乘坐飞机感到非常惶恐，许多游客甚至取消了航班。我们上飞机的时候，一行人里没有一个敢说话。看到美国广播公司的著名记者山姆·唐纳森也在同一架飞机上，我感到很欣慰。当我们在华盛顿安全着陆的时候，所有人都不约而同地鼓起掌来。

项目结束的时候，不少美国大学都向我们这些国际学生提供研究生奖学金，希望我们留在美国继续深造。留下来的想法确实很有

在迪斯尼的中国介绍会上（1985年）

吸引力，但我们不希望做不利于我们这个交流项目的事。毕竟，这是一个得到政府支持的国际项目。我们希望回国以后，能用这一年里学到的一切报效国家和社会。我和小叶1985年9月回到了阔别一年的北京。这时候的我们，同一年前在这里登上飞机，准备去美国的那两个二十二岁的年轻人相比，在生活经历和眼界上已经发生了很大的变化。

父母看到我回国，非常高兴。我用在美国一年从每周生活费里省下的钱给他们买了当时流行的“四大件”，包括彩电、组合音响、洗衣机和电冰箱。这些进口产品对当时许多家庭来说，还是稀罕物。为了奖赏一下自己，我还买了一个索尼随身听。此后的一年里，每当我骑着自行车行驶在北大校园或者到小叶的学院去看她的时候，我都会一边骑车，一边带着它听歌。

我的生活又回到了以往在学校时的常轨。除了上课和去图书馆以外，我仍旧像以前那样，喜欢抱着把吉他自弹自唱，喜欢参加各种有意思的活动。1985年圣诞节前夕，我和我的朋友陈学毅及高我们一届的英语系女生谭虹、徐淳一起，获得了第一届首都高校英语歌曲比赛集体组一等奖。个人组的一等奖获得者是后来成为国内著名歌星的刘欢。他当时是北京国际关系学院法语专业的学生。那时候，他的声音和演唱风格已经十分出色。记得我们演唱结束、回到后台的时候，他曾走过来向我们祝贺。其他获奖者中还包括后来创办麦田音乐公司的清华大学学生宋轲。

1986年3月，我差点儿被选去扮演电视剧《末代皇帝》中溥仪的角色。有一天，我在学校看书，摄制组一位导演打电话找我。他说，曾经在某个场合见过我，觉得我很像溥仪，想约我去试镜。那时，我正梦想着毕业后成为一名外交官，对演戏并无兴趣，就没有去。

那年夏天，我从北大毕业，被分配到文化部工作。文化部的职责之一是为中国各驻外使领馆选派文化参赞和领事。我所在的部门负责选送中国艺术家，代表中国参加国际艺术比赛。记得那时候，我们有史以来第一次选送了一位中国流行歌手韦唯出国，到南斯拉夫去参加一个国际流行音乐比赛。当时，郭峰刚创作了歌曲——《让我再看你一眼》。在文化部办公室里一起唱这首歌的时候，我的一位同事还和郭峰、韦唯开玩笑说："如果周华真干了唱歌这行，可就会把你们都灭了。"我在工作中遇到过许多不同的人，其中有杂技演员、音乐演奏家、画家、歌剧演员和芭蕾舞演员。我也曾经到英国、日本等国出差，包括带领中国选手去英国参加梅纽因国际小提琴比赛。因为我对小提琴十分钟爱，这类比赛让我尤其感到兴奋。一些我们选送的参赛者，像薛伟、吕思清等人，后来获得了国际奖项，如今经常在世界各地最顶级的音乐厅演奏。

英国社会，尤其是外交圈和高雅艺术圈内的人，在礼仪方面往往颇为挑剔。去英国以前，我唯恐自己在衣着和言谈举止上给人一种土气或者缺乏教养的感觉。而在美国，后来我也发现，在澳洲尤其如此——大多数场合，你都可以穿一身运动便装和一双便鞋，没有人会投来异样的眼光。而在面对古板的英国贵族的时候，我不愿意有半点

时年二十五岁的我任职于文化部（1987年）

儿含糊。于是，我们说话时会尽量使用大学里学过的那种字正腔圆的标准英式英语，正式场合会穿上最合体的西装。我把这些看作树立中国新形象和展示中国新面貌的一部分。每当想到自己的工作能够为提升中国人的民族自豪感作出贡献，我都感到非常骄傲。

到政府部门工作后不久我便发现，和学生时代相比，如今在机关工作，难免会遇到机关政治的因素。许多学生参加工作以后觉得，只有接近领导，才能获得事业发展和升迁的机会。当时我很理想主义，希望自己能与众不同。不过，我也清醒地意识到，我无法改变整个社会，唯一能把握的是自己的行为举止。这样，也许能通过自己对待工作和对待生活的态度，对周围人产生积极的影响。我想，如果我能充分发挥自己身上最优秀的潜质——乐观、富有创造力、充满热情，那么，我就一定会取得成功。因为我很想让父母为我感到骄傲，所以我有一种习惯性的、近乎本能的愿望，希望得到所有人的认可，希望受到人们欢迎。这些对于我来说，十分重要。每年一度工作总结时，每位同事都给了我肯定的评价。虽然我并没有刻意去做什么，但我对所有事情都是抱着热情去做的，无论什么样的工作。即使他们让我去拿报纸、领邮件，我也会轻松愉快地去做。按照自己的方式去做事，永远保持乐观、积极的心态，让我得到了每个人的支持和肯定。我的两位部门领导都是业务型干部，十分重视人的业务能力和工作表现。我的能力可以说是出众的，而我又有着很好的心态，因此，他们也给了我非常好的评价。

我想，如果我能充分发挥自己身上最优秀的潜质——乐观、富有创造力、充满热情，那么，我就一定会取得成功。

在文化部的时候，我知道自己迟早会被派往中国驻海外机构工作。我内心很希望能被派往美国。我时常回忆起在佛罗里达那一年的美好时光，渴望有机会故地重游。美国让我联想到的是飞快的汽车，最具创意的流行音乐、电影和各类艺术。我当时并没有想到，自己会来悉尼工作。悉尼在我的意识中，依然很遥远。但我知道，它是一个非常美丽的地方。我最早是在大学时从一个电视知识竞赛节目上知道，那里有座著名的歌剧院。后来，在电视播放世界各地天气预报的时候，看到过歌剧院的全景图片。有一天，领导询问我对去悉尼总领馆工作有何想法。当时有人跟我说起，那儿的领馆有辆大奔，而我是一个对汽车一向很着迷的人，于是想，哇，看来我真要有辆大奔开了！于是，我便欣然同意了。尽管去悉尼领馆工作这个想法对我来说挺有

与参加梅纽因小提琴比赛的中国选手在大本钟前（1987年）

意思，但促使我拿定主意的还是那辆奔驰车呢。

上世纪80年代后期的澳大利亚正在经历着一场变革。1988年刚好是白人定居澳洲两百周年。此时的纪念活动再次引发有关澳大利亚国家属性的争议。虽然澳大利亚仍然是英联邦成员国，英国君主依旧是它形式上的国家元首，但是作为一个长期寻求独立发展的国家，澳大利亚正在进一步拉开同英国这个前宗主国之间的距离。悉尼两百年前是英国在澳洲建立的最早一处用来流放囚犯的殖民点。如今，这座城市却在骄傲地回顾自己在短短两百年里取得的成就。

在这样一个时刻来到澳洲，让我有一种颇为异样的感觉。因为我们自己的国家光是有文字的历史就有几千年了。中国在这几千年里，经历了许多不同的朝代，也见证过科技发展和大大小小的文化和社会变革。我们的国家是在经过了这样一种漫长的发展过程以后，才逐渐形成今天这个样子的。英国人两百年前开始在澳洲殖民的时候，中国已经有三亿人口。在那以前，中国的茶叶、丝绸和“四大发明”早已传播到世界许多地区了。

澳大利亚和中国有着非常不同的发展道路。今天的澳大利亚人是由来自世界各地的人们汇聚到一起构成的。这些人有着彼此不同的宗教信仰和文化背景，却聚集在这个新的地方，一起创造了它的成功。尽管到达这里以前并没有共同的历史，他们却在这块新的土地上寻找到了共同之处。他们都有作为澳大利亚人的强烈的认同感，都有为社会贡献力量、为家庭创造更好生活的愿望。尽管澳大利亚社会对于自己国家的属性以及它在世界上的位置等问题经常会有质疑，但这里的人们所具有的创造与奉献精神常常令我感动至深。

1988年3月到达悉尼那一天，来机场接我的是一辆230E型奔驰车。在美国的时候，我就熟悉“文化冲击”这一说法的含义了。我去美国的时候，无疑已经经历过一次冲击；这次来到澳洲，又让我经历了一次。虽然坐在领馆的奔驰车上我感觉很愉快，对悉尼这座城市的第

陪同中国芭蕾舞演员赴日本参赛（1987年）

一印象却不怎么好。我们从机场回领事馆经过的是一些偏僻的道路，沿途到处是工厂库房，显得颇为脏乱。我开始纳起闷来：那个美丽的悉尼港湾跑到哪里去了？那些漂亮的砂岩建筑，还有著名的悉尼歌剧院和港湾大桥，怎么全都没影了呢？我把自己弄到什么地方来了？

幸好我的外交职责当天就开始了，让我看到了比来时路上更多的悉尼景观。那天晚上，我还没有完全从长途飞行中缓过劲儿来，就随副总领事一起，坐奔驰车到宏布喜湾体育馆去观看体操比赛。那是我第一次听到澳大利亚民歌《华尔兹玛蒂达》的曲调。它是颁奖仪式的主题曲，那个晚上被播放过许多遍。我觉得，这首曲子优美极了。

来澳洲以后，给我印象很深的是，这里的人竟然会这么少。澳大利亚人非常热情，非常放松，可这儿的人实在太少了！不管去哪里，都有很多空旷的地方。在国内，你会感觉到处都是人。以前听说，在上海一些公园约会的人们，不同情侣之间有时候因为坐得距离太近，这边一对情侣会因为旁边另一对说了句笑话而忍不住乐出声来。刚来澳

陪同中国芭蕾舞演员赴日参加比赛（后排右一为著名芭蕾舞演员薛菁华，1987年）

洲，走在大街上的时候，我会因为四周没有了熙熙攘攘的人群而感到不习惯。在国内传统社区的道路两侧，总会看到一些居民坐在住处门前，或者在街上走动。而在澳洲，除了汽车和沿途的别墅以外，路上几乎看不到人。当时我难免好奇地想，这儿的人都去哪里了？我的姐姐、姐夫不久前来澳洲短期访问，他们也问了我相同的问题。

我来这里的第二天，便去了曼利海滩。对于它，传说中的美丽终于眼见为实。我没有想到，这里比迈阿密海滩还要漂亮。我们沿着海滩漫步，不时停下来给海鸥喂食，尽量让清新的空气浸透整个身心。太阳在晴朗的天空中照耀着。天空下，那一片蓝色的海水，蓝得超出了我以前对于海水的任何想象。这里距离城市很近，却给人一种位于某个遥远地点的度假胜地的感觉。我们随后去了曼利海滩的“海洋世界”公园。五花八门的海洋生物让我一时忘记了自己身在何处。我那时才知道，原来海洋里还生活着这么多种类的鲨鱼。同时，我还见到了世界上最危险的一些毒蛇和毒蜘蛛。澳洲的野生环境对于探险者来说，的确充满危险和刺激。对我来说，来这里最令我吃惊的可能还是在海滩上见到那些上身裸露的日光浴者。我第一次见到这种景象，简直惊呆了。现在还能清楚地回想起当时的感觉来。

在我开始外交官生涯的时候，我非常幸运能和一位资深外交官、我的上级娄女士在一起工作。她是一位非常有能力的外交官，也是一位热情而谦逊的人。她是中国政府海外形象极为出色的代表。她自幼生长在英国，无论英语还是与人交往的技巧，都臻于完美。我为能有机会与她共事，感到非常荣幸。我们的工作关系中让我感到非常愉快的另外一个因素是，她并不是那种喜欢听下属恭维的人。她看重的是一个人的才能和做事的结果。这一点让我尤其感到欣慰。因为我一直相信，一个人应该依靠自己的真才实干，而不该为了博取上级欢心而另谋其道。

随着工作平稳地展开，我的朋友圈子也慢慢扩大了，包括踢球时认识的一些顶级公司高管和媒体大亨。与此同时，我非常想念妻子小叶。我们是在1987年结婚的。1986年大学毕业后，她被分配到中国国际广播电台做记者。那段时间，她有时还为CCTV英语新闻节目担任主播，并用中、英文主持过一些大型文艺和体育节目，比如和著名体育节目主持人孙正平共同主持1987年央视春节武术联欢晚会。一般来说，一位年轻女记者极少有被派驻海外的情况。况且，那时小叶的事业才刚刚起步不久。但我很希望她能来悉尼和我团聚。对于新婚不

与著名剧作家吴祖光（左）在悉尼歌剧院（1988年）

久的人来说，长期分离并非易事。我俩都清楚，我们各自在事业上的付出将为日后的生活打下更好的基础。每当想念她的时候，我便会想象我俩有朝一日一起漫步在巴尔梅的商店区，或一起在邦迪海滩徜徉的情景。说来也怪，就在我感到一筹莫展的时候，有一天我在一家中国餐厅出席一个外交晚宴，当我打开“幸运饼”时，看到小纸条上赫然写着：“好消息正等待为你揭晓。”对我来说，此刻最好的消息莫过于能和妻子在澳洲团聚。没过几天，我便接到小叶从国内打来的电话，告诉我国际广播电台已经决定在悉尼设立记者站，她将被派来担任驻澳洲的记者。

小叶来了以后，我们住到了位于萨赛克斯街上的一座公寓楼里。从我们漂亮的“新居”，可以俯瞰新修建不久的达令港湾。那段时期，我尤其喜爱自己的工作。我同很多人打过交道，其中包括澳大利亚政府的一些部长级官员。中国总理李鹏1988年来澳洲进行国事访问的时候，我曾协助组织欢迎仪式，并在访问期间偶尔担任翻译。

在友人家（1988年）

我们在领馆的工作内容之一是，帮助当地人了解中国文化。我经常参加在澳洲各地城市举办的电影首映式和文化节，也经常带领中国音乐家到一些乡间小镇去演出。从1988年到1991年这三年时间，我对澳大利亚这个国家所见之多，是后来十八年加在一起也无法相比的。我对澳洲乡村有一种特殊的喜爱。来这里以后我发现，在澳洲，不管走到哪里，都可以看到许多桉树，看到有牛、马、羊群的风景。澳洲的辽阔给我留下了很深的印象。

我收到过许多澳洲孩子们充满稚气的来信。他们通常是因为学校里布置的课外探究项目，写信向我们了解关于中国的情况。领馆里有许多介绍中国历史和工艺品的小册子。我还经常应邀为一些中学和社区团体做关于中国情况的演讲。这使我有机会接触到更多的澳大利亚人，也使我在英文演讲能力方面得到了锻炼。

我们常去悉尼歌剧院观看音乐演出，中间休息时会出来喝一杯香槟。这种感觉我非常喜欢。尤其在夏天的夜晚，我们会走出歌剧院大门，站在台阶上眺望悉尼城市上空美丽的天际线和港湾。在这座当代建筑奇迹的环抱之中，欣赏如此迷人的画面，沐浴着徐徐吹来的晚风，我们时常会和无数游人一样，陶醉在此情此景中。

我和小叶合用一辆公家的300E奔驰车，开着它跑了很多地方。

与Charlie、小叶在一起唱歌（1988年）

我们有幸接待过一些从国内来访的文化界人士，包括来参加悉尼国际电影节的电影《红高粱》的男主角姜文。记得姜文跟我说起，他和一些朋友在香港购物，花一万港币买了一台摄像机时，店员问："你们一定是台湾来的吧？"那时候，人们普遍还认为，大陆人没钱。姜文自豪地回答："什么台湾来的？我们是大陆来的！"我还接待了时任文化部部长的著名作家王蒙。他很喜欢我给他模仿的美国黑人英语。而他给我印象最深的是，他的幽默感和超脱。作家冯骥才先生到访悉尼时，还来过我和小叶住的公寓做客，品尝小叶为他做的意大利比萨饼。

那时候，我们生活很愉快。当时国内即将发生的事情，是包括我们在内的许多人未曾想到的。

"六四"以后，西方国家在一些贸易和文化交流项目上对中国进行抵制，许多文艺表演团体赴中国演出的计划被取消。也是在这个时候，我的上级娄女士赴堪培拉就任中国驻澳大利亚大使馆文化参赞，由我接替她，负责悉尼总领馆文化处的工作。那时，领馆其他部门负责人通常都是五六十岁，我当时只有二十八岁。

娄女士和我决定组织首支澳大利亚爵士乐队访问中国，希望以此来帮助打破西方国家的抵制。虽然我们在此之前接触过包括爵士乐奇才詹姆斯·莫里森在内的许多澳大利亚音乐家，我们最终还是决定安排“格雷姆·贝尔全明星爵士乐队”赴北京、上海、西安、广州四个城市进行访问演出。这次合作使我荣幸结识了两位最优秀的音乐家。格雷姆·贝尔被誉为“澳大利亚爵士乐之父”。他当时已年过七十，艺术生涯跨越半个世纪，足迹遍布世界各地。乐队著名女主唱帕特丽莎·汤姆森更为人们熟知的名字叫“小帕蒂”。她在1960年以演唱沙滩摇滚，成为当时海报招贴画上的流行音乐明星。她丈夫劳里是乐队中的鼓手。临行前不久，“小帕蒂”跟我学会了用中文演唱《南泥湾》。在中国访问期间，每当她演唱这首歌的时候，观众的反应都极为热烈，疯狂般地喜欢上了她。那次访问获得了极大成功，所到之处，他们都受到如同国王、王后一般的礼遇。从那时起，我与格雷姆和“小帕蒂”结下了毕生的友谊。我将永远感谢他们在我后来的人生中给予的帮助。他们都是非常善良、热情的人。格雷姆有着年轻人的心态，并没有被享有的盛名和艺术成就所累，对新事物永远怀有一颗好奇之心。“小帕蒂”和丈夫劳里不仅为人善良，且总是乐于倾听他人。这些都给我们留下了深刻的印象。从他们身上可以感觉出，他们对他人那种发自内心的关注。如今，每当我只顾了说话而忘记倾听的时候，我都会想起他们来。

在体育交流方面，我组织了澳大利亚第一支板球队访问中国。提到板球，一位名叫费尔·奥萨里文的澳洲老人长期以来的一个梦想就是，教十亿中国人打板球。在他的热情倡议下，我们先是安排了三位年轻的中国曲棍球运动员来悉尼几周时间，专门学习板球打法，后来又组织了澳洲国家板球队前往中国访问。板球队在中国期间，除了走访几个城市以外，还和一些外国驻华使馆的球队进行了几场表演赛。在队员们启程去中国以前，新南威尔士州体育部部长和中国总领馆分别为他们设宴饯行。我因此有幸一睹鲍勃·辛普森和澳洲板球界其他传奇人物的风采。在中国领事馆的宴会上，一切都进行得很顺利，只是邦德集团的两名代表对于宴会中使用了富士达啤酒感到颇为不满。邦德集团是板球队此次访问中国的赞助商之一，本身拥有一些啤酒制造厂家。这两名代表向我提出抗议，坚持要我们换上他们旗下某个牌子的啤酒。鉴于此次宴会是由中国领事馆举办的，作为主人一方，我只有耸耸肩，对他们说："对不起，你们的要求我们无法满足。"

大约是在这段时间里，我逐渐意识到，外交官并不是我想终生从事的职业。我很希望自己能在别的方面有所发展。虽然过去的三年给我留下了许多非常美好的回忆，让我遇到了许多优秀的人，可当我看到从事外交行业二十年以上的成功外交官时，我对他们人生的境况并不很满意。虽然我非常喜爱作为VIP去参加电影首映式，去歌剧院看芭蕾，听歌剧，听音乐会，去参加各种外交使团的酒会、招待会，向当地学校和各种机构介绍中国文化，代表祖国走访不同的国家，但我已清楚地看到在这个事业上我能走多远。此时的我有一种前所未有的清晰的愿望，希望自己能成为一名企业家，以此实现更多的人生梦想。

经过反复思考之后，我最终决定放弃外交官生涯，在自己三年澳洲任期结束之时辞去公职，开始新的人生道路。

> 在经过反复思考之后，我最终决定放弃外交官生涯，在自己三年澳洲任期结束之时辞去公职，开始新的人生道路。

当时，我的选择之一是去美国读书。即使在做外交官以后，我时常还会有一种冲动，希望日后能有机会到美国去读MBA。还有一个选择就是留在悉尼。我已经在悉尼生活了三年，这座美丽的城市有许多吸引我的地方。在领馆工作时，我也曾梦想过，有朝一

接待王蒙率领的中国文化代表团访问澳大利亚（1989年，悉尼机场）

与时任文化部部长、著名作家王蒙（1989年，悉尼）

日能在沃尔多夫酒店拥有自己的一套公寓，买一辆属于自己的汽车。

对我来说，这是一个巨大的内心转变。从某种意义上说，离开外交行业，确实是一件有悖常情的事。父母一直期望我能在外交官的职业上继续发展下去。这种预期也可以说是我以往人生轨迹的自然延续。我曾在最好的中学和大学学习，在美国一年的学习机会我丝毫没有浪费，做外交官这些年我也一直在勤奋地工作。父母自然期望我能延续以往的人生道路，在外交岗位上骄傲地为国家服务。从另一个角度来说，外交官的生活毕竟是相对安定和舒适的。外交官通常在国内工作几年，然后派驻国外几年。而永远生活在国外就完全是另外一回事了。

我父母都已经上了年纪，想到我的决定将使他们余年的大部分时间都不能有我伴随在身边，我其实感到非常难过。此外，除了会说英语之外，我并没有什么技术专长。通过何种途径才能最终实现梦想，我自己也无法确切预见。但一想到我们将有可能自己把握命运，有可能创造出新的、不同于以往的成绩，我就感到兴奋不已。人生中无限的潜力有可能充分地发挥出来，这种想法让我备受鼓舞。这并不是一个容易作出的决定。我曾经前思后想，难以决断。可以说，最终是我对自己的信心和妻子对我能力的信任，使我下决心去勇敢、积极地面对内心的挑战，努力去创造一种新的、更美好的生活。在美国学习和在澳洲工作这几年的经历，让我们清楚地意识到，只要我们不怕吃苦，至少一切皆有实现的可能。澳洲是一个机会平等的国家。如果我在中国的环境下没有达到目标，我很可能会怨天尤人。在澳洲，如果我尽了最大的努力还没有达到目标，那我只能责怪自己。

一想到我们将有可能自己把握命运，有可能创造出新的、不同于以往的成绩，我就感到兴奋不已。人生中无限的潜力有可能充分地发挥出来，这种想法让我备受鼓舞。

当我告诉家人，我将放弃外交官生涯的时候，他们都不以为然。最初，我对妈妈说的是，我将在澳洲留学深造。这样，她会更容易接受一些。我当时并没有告诉她我希望经商的想法。

在中国的传统中，商人的地位一直不高。即使在改革开放以后，金钱在人们心目中仍然受到不同程度的鄙视，有时甚至被视为“贪婪”的同义词。经商赚钱在当时国内的许多人眼里，并不是一件特别值得尊敬的事。那时候有了一个新名词，做生意的人开始被称为“个体户”。这是个多少带了贬义的词，因为“个体户”并不被社会尊重。那时候，城市里的大部分人都在为公家工作，不少人对“个体户”怀有偏见，觉得他们要么就是没本事找到工作，要么就是不想正经做一份事情。改革开放初期，不少商人在人们眼里，是靠走后门、找关系致富的。一些人通过贩运走私货等途径牟利。这也给“商人”二字招来不少反感。我在国内时，并没有想过追求金钱上的成功。那时候，赚钱对我来说，是个陌生的字眼

那时候，赚钱对我来说，是个陌生的字眼儿。别说赚钱，就连说到钱，我都会觉得有些不舒服。

与小叶在国际会议的同声传译室（1996年）

作为文化领事，会见2CH电台有关人士（1990年）

儿。别说赚钱，就连说到钱，我都会觉得有些不舒服。此外，在当时一般人看来，我毕业于最好的大学，而且还有机会出国，已经算是成功者了。那时候，在政府部门工作被视为最荣耀的事。我能逐渐抛弃自己最初对于商业和商人的偏见，以至最终决定走上经商的道路，是我在与世界接触之后，内心里实现的一个最大的变化。

直到这时为止，除了在美国学习的那一年，我们一直是在父母身边或者在公家环境里生活的。这两种环境为我们提供了物质和精神上的依靠。在国内，我和小叶结婚以后虽然各自住在单位的集体宿舍，没有自己的住房，但每个周末回到父母家时，就像回到了自己家里一样。出国以后，我们在公家环境里第一次有了一个两人的家。如今这两种环境中的任何一种，我们都将不再拥有。父母亲知道，我们两人几乎没有什么积蓄，从此以后又不再有公家单位可以依靠，怕我们无法靠自己的力量在国外生存下去。我母亲特别怕我们在外面太受委屈。他们在各方面都为我们感到担忧。

我告诉父母，我和小叶会照顾好自己的生活，同时也会在一言一行上把握好自己，永远不会做有损于祖国的事。我会遵守澳洲的法律，同时会牢记父母自幼传授给我的道德准则，努力做当地华人社会的表率。无论我身在何处，我都会继续让他们为我骄傲的。

虽然我的话给了我父母很大的安慰，他们仍然对我决定离开他们期望于我的那种更为稳定、也更有意义的生活道路感到遗憾。即使如此，他们还是非常尊重我的选择。几年之后，当1999年9月的《人民日报》海外版头版上刊登中国国家主席江泽民访问澳大利亚的报道时，父母看到了我和小叶在江泽民主席身边的照片，为我骄傲的心情远胜过以往任何时候。因为他们知道，我这些年一直遵守着自己的承诺，没有让他们失望。他们了解我的为人。这正是我热爱父母的地方——只要我做的一切是为了追求自己的人生理想，他们都会支持我；只要我像自己承诺的那样，遵守法律和道德准则，无论我作出怎样的人生选择，他们最终都会愉快地接受。在从最初的错愕不解之中摆脱出来之后，我父亲有时会和人开玩笑说，他的儿子已经在澳洲当起“个体户”了。现在，他会自豪地和邻居们说：“我儿子在澳洲已经是个高级‘个体户’了。”

那时候，我知道自己一切都要从头开始了。除了格雷姆和“小帕蒂”等少数几个朋友，我不愿意和以前在这里认识的任何旧关系联系。我想看看，凭借自己的力量能做到什么程度。一个过去的同事那时正在政府的一家旅游办事处工作，他无法理解我为什么要选择走这样一条路。他认为，对我们来说，仅有一张临时签证和一点点积蓄，没有任何成功的保障，未来的道路将会很艰难。“你为什么要放弃政府里前途大好的工作，放弃住国外市区公寓、开好车和出席豪华晚宴的机会，偏偏要一切从零做起呢？做一个新移民苦着呢！”我当时的想法是，我已经做好了吃苦的准备。因为

> 我已经做好了吃苦的准备。因为努力工作对我来说，已经成为一种习惯。除此之外，我还相信，今后我能得到的，一定会比现在失去的多！

小叶在自家车库前（1993年2月）

努力工作对我来说，已经成为一种习惯。除此之外，我还相信，今后我能得到的，一定会比现在失去的多！

我们就这样，开始了一个寻找澳洲梦的新的人生旅程。

和小叶在租住的别墅前（1991年）

## 外送比萨
# 1977年产西格玛的年代

我和小叶1991年开始在澳洲独立打拼的时候，身上只有在美国学习那一年省下的相当于四千澳元的积蓄。然而，我们在心理上已经做好为新生活努力拼搏一番的准备。最初的一些日子，我们的朋友格雷姆和夫人多罗茜、“小帕蒂”和丈夫劳里、我们的板球朋友费尔和一位名叫江静枝的中国朋友非常热情地帮助了我们，为我们提供了精神上和物质上最宝贵的支持。

当时，我们没有住处。那时候，正好江静枝全家要去美国度假。她好心让我们先住在她家，顺便为他们照看房子。她家那座小洋楼位于悉尼北部一个高尚住宅区。江静枝的先生麦考尔是一家工程公司的总裁，有一辆宝马735il轿车。江女士开一辆宝马318。离开外交界，当然也就放弃了领馆的奔驰车。麦考尔问我，愿不愿意开那辆宝马7系送他们全家去机场。我当然愿意了！其实，一看见那辆宝马车，我就想入非非。在送他们全家去机场的路上，宝马7系的舒适、豪华既让我回想起领馆的奔驰300E，也让我对自己未来的奔驰、宝马产生了无限的期待。

此时，最需要做的两件事就是，买车和找一份工作。费尔为我们找到了一辆二手车，是一辆1977年的三菱西格玛。这辆车是金色的，花了三千七百五十澳元。付款后，我们账户里就只剩下二百五十澳元了。车里没有空调，没有动力方向盘，一下雨里面就漏水。由于没有空调，而悉尼的阳光又格外强烈，如果把车停在阳光下，再一回到车里，就跟进了蒸笼一样。有一次，我和小叶去找工作，回到车里以后，小叶差点儿没热得虚脱过去。但这毕竟是来澳洲以后第一辆属于我们自己的车。刚买下它时的感觉就好像到手的是奔驰甚至劳斯莱斯一样！

今天很多人告诉我，在当时的情况下，我们花费积蓄的绝大部分去购买一辆车，未免太冒险了。但当时，如果我们不能尽快找到工作，那点儿钱根本维持不了多久。那时候，如果没有一辆车，我们几乎没有找到工作的机会。以前，我们的工作都是国家安排的，自己从来没有去找过工作。而现在，我们必须靠自己的努力，去找到一份工作，不管是哪种工作。我必须同过去彻底告别，凭借自己的勇气和勤奋，去开辟未来新的生活。我告诉自己，无论什么工作，无论高低贵贱，只要合法的，我能做的，就应该去做。我不应该，也没有权利去挑肥拣瘦。即使找到的第一份工作并不是最理想的，我也要抱着热情和积极的态度去做。因为它毕竟是暂时的，我随时可以去寻找更好的工作。无论如何，这种新的生活方式是我们自己做出的一个选择，我们应该为自己的选择承担全部后果。我和小叶约定，从我们开始独立奋斗的那一天起，我们自愿永远放弃抱怨的权利。我们深信，凡事都在人为。只要我们竭尽全力，不论是什么结果，我们都无怨无悔。

凡事都在人为。只要我们竭尽全力，不论是什么结果，我们都无怨无悔。

那时，澳洲正处在经济萧条时期，失业率非常高，企业都在大幅裁员，官方利率高达百分之二十，很多澳洲人因为没有工作不能支付房贷而失去住房。对于我和小叶这样没有当地工作经验的生手来说，找工作尤其困难。

我去面试过几份工作，都因没有“当地经验”而失败。我知道，如果我们要生存下去，我必须尽快挣到钱。假如家里无米下锅，无论我的大学学历、口译技巧，还是以前作为外交官的工作履历，都没有任何意义。后来，我申请了一份在多米诺（Domino）比萨店送外卖的工作，薪酬是税前每小时七澳元，外加每个比萨外卖订单百分之六的佣金。送比萨仅仅是每个晚上三到四个小时的工作，所以我一周只能挣到一百四十澳元。我的经理是个只有十八岁的又高又瘦的澳洲小伙子，说话时脸上毫无表情。他的时薪是十二澳元，对我有点儿爱答不理。在这家店打工的大多是些十八九岁的在校大学生。他们总是把最远、最小的外卖订单给我。因为大订单可以挣到更多佣金，近处的订单自然可以多送几次。当时，多米诺有个规定：要保证从接到订餐电话到送货上门不能超过三十分钟。超过的话，下次就要白送一个比萨给顾客。我经常去送比萨的地方是个富人区，都是大房子。当时，我还戴副近视眼镜，晚上开着车，黑灯瞎火的根本看不清街牌号。这样，心里也就更加着急，担心超过三十分钟，就得白送人家一个比萨。我特别羡慕那些对这个住宅区的街道很熟悉的大学生。因为他们可以轻松地在三十分钟之内把比萨送到。我知道，他们有点儿欺负我，但我心里并不怨他们。因为我知道，这是我暂时唯一能得到的工作，也就是我眼下最好的工作。但我心里清楚，这只是暂时的不方便！我将来会找到更好的工作，甚至会经营自己的生意。我的职责还包括，每天晚上关店门和擦洗地板。我带着极大的热情做每一件事。我的心里在憧憬着明天。我总是告诉自己，这是一个崭新旅程的开始。一年以后，当我开着自己第一辆全新的宝马318去比萨店买比萨时，那些大学生看到我的宝马车，全都惊呆了。

帮助我度过那段艰难岁月的，是我天生的积极态度。我知道，眼下这份工作只是暂时的。它只是人生的一个过渡阶段。我有一个清楚的目标。我相信自己日后会非常成功，非常富有。我愿意为这一天而不辞劳苦，努力奋斗。过去所付出的努力和得到的结果，是我信心的源泉之一。

当我开始寻找下一份工作的时候，我希望能找到一份自己可以控制收入和时间的工作。尽管后来中国人在工作上的选择慢慢多了起来，比如去为某家澳洲公

当我开始寻找下一份工作的时候，我希望能找到一份自己可以控制收入和时间的工作。

司工作，成为驻华首席代表，去赚一份稳定而丰厚的薪水。但这类工作并不符合我为自己设定的目标。那时在报纸上找工作时，我已经开始有意识地让自己不要将目的确定为寻找“想要做的”或者“喜欢做的”工作，或者是“能胜任”的、听起来“有面子”的。我只想找一份只要努力就能得到结果的事。

我的第一个目标是在第一年里挣到十万澳元。因为在1991年，只有非常少的人能挣到十万澳元。作为一个以中产阶级为主要人口构成的国家，澳洲大部分人的年收入在两万到八万澳元之间。十万澳元是绝大多数人的心理障碍。于是，在浏览《悉尼晨锋报》时，我会只去注意能挣到十万又有可能录用我的工作。尽管经济萧条，还是有一些十万年薪的职位在招聘。这些我都不够格。不过，有一条广告引起了我的注意：销售金融产品，周薪两千澳元，无须经验，公司提供培训。

我去邦戴区一间能看见海湾的写字楼里面试。面试过程中得知，我们要做的是在电话里卖人寿保险。我从来没有做过销售工作，也从没想过要做销售。我并不觉得自己适合做销售，更别说对它感兴趣了。但这份工作吸引我的是，我能一周挣到两千澳元，一年就是十万！面试我的经理是个美国人。在听了我讲述自己的经历，并且表达了坚定的决心之后，他觉得我能做好，还说我的美国口音能够帮助我在电话销售中吸引对方的注意力。于是，我加入了人寿保险的销售队伍。但这份工作要过一个月才能开始。

当时，我的妻子小叶还没有找到工作。我还是晚上送比萨，白天为人寿保险的工作做准备。我感到非常兴奋，因为我将要一年挣十万澳元！

由此可以看出，我是个很容易相信他人的人。当时，我真的相信，我能一年挣到十万。我马上给国内的母亲打电话。那时候，国际长途一分钟三点三澳元，将近二十元人民币。我对她说：“妈，我今年要挣十万澳元了！”我的一位朋友劝我去找一份正式工作，因为这份工作实在是太难做了。另外，他说，人寿保险销售这行名声不好，毕竟我以前是个外交官。但我还是决定，去做这份工作。因为保险公司的老板已经在这个领域做了很长时间，他认为我能做得很好，而我的那些朋友并没有在这个领域做过。我知道，要想成功，必须得追随有成功结果的人。

> 我知道，要想成功，必须得追随有成功结果的人。

在那段等待保险公司培训的时间，我做好了"刻苦努力"的思想准备。其实，我已经在过去的人生中努力工作了很长时间。我想去体验一下，这一回的"刻苦努力"到底会是个什么滋味。我想积累一些经验，为自己将要从事的保险销售工作做好准备。于是，我找到一份挨家挨户销售的兼职工作。这个工作其实就跟很多学生和"背包客"一样，每天出去敲两百户人家的大门，进行面对面的销售。两只肩膀上背着满满一大包价格低廉的亚洲产品，由公司教会你怎样去推销，你就有机会一天挣到一百澳元。这对我来说，非常有用。因为我没有过经商的经历，也不知道怎样去说服别人买我的商品，更没有体验过被很多人拒绝的滋味。

一个年轻的澳洲小伙子被指派训练我如何"沿街叫卖"。他的口头禅是："不管被拒绝多少次，永远去敲下一道门！因为下一家可能会把你背包里的货买空。"他告诉我，销售是一个数字游戏。有一句话直到今天，还伴随着我："每一次拒绝都会使你离成功更近一步！"虽说一直以来，我对任何事情都是抱着积极的态度，但那是我性格的一部分，而当时，是这位年轻人教会了我如何克服被人拒绝。

我被派到悉尼市中心以西一个叫纽顿的地区去挨门挨户卖货。那是一个十分酷热的夏天。我双肩背着两只大包，每进一家商店，店里的人都会粗鲁地往外赶我："出去！我们不感兴趣！你们中有些人已经来过几次了！"我觉得非常渴。不管喝什么饮料，还是渴得要命。我有点儿泄气，心里说，这下可好了！几个月前我还是一个出门开奔驰、在外交场合被人称为“阁下”的人，现在却在纽顿街上挨家挨户敲门贩货。整个一澳洲倒爷！

这时，突然有人拍了拍我的肩膀，问我：“你在卖什么？我能看看你手上的玩具娃娃吗？”接着，他就买了一个走了。哇！我终于成功了！“数字游戏”开始生效了！然而，三天以后我明白了，这样干下去，一周最多也就挣六百澳元。我们只能在工业或商业区进行销售，不许进居民区。这个工作一周干六天。销售中我碰到了很多好人，当然也遇到了许多拒绝。

不久，我的比萨外卖工作也突然间结束了。一个星期六的下午，和朋友吃过午饭后有点儿犯困，我不想去工作，但还是被安排了。正当我开着车、路过查茨伍德区的邦德瑞街时，下午的阳光闪耀在我的挡风玻璃上。一瞬间，我的眼睛看不见了，不小心闯了红灯。这时，另一辆车刚好开过来。我当即与它相撞，那辆车给撞坏了。我的车也无法再开，水箱里直冒蒸气，只能将它拖走了。这样一来，我的比萨外卖生涯，我在澳洲的第一份工作就这样夭折了。

此后的一个星期，我开始在保险公司接受培训。被撞坏的车不能开了，我必须乘公交车和火车，才能去保险公司培训。在培训中，我第一次了解了人寿保险的用途和内容，还学了些销售技巧。一周的培训结束后，我第一个星期就卖出了四单保险。我成了刚招聘的这批销售人员当中的“新星”。一周之后，我收到了第一张支票：一千一百六十澳元。当时，我们借住的朋友正催我们搬出去。常言道“客不宜久”，就是说，人不能一直对你那么好。第二个星期，我又挣到了一千澳元。

这是我们拥有的第一个属于自己的空间。搬过去的当天下午，我跳到床上，感觉如此自由、独立。

我们得知，爵士乐音乐家格雷姆的一个朋友在悉尼城边非常时尚的帕丁顿区有一间单身贵族公寓要出租，我们可以每周一百五十澳元租下来。我马上就决定租下它。这是我们拥有的第一个属于自己的空间。搬过去的当天下午，我跳到床上，感觉如此自由、独立。我们竟然住进了帕丁顿！我们那辆“伤痕累累”的西格玛停在街上。向外望去，能看到我们邻居的豪宅、美丽的草坪和停在门前的奔驰。

住在帕丁顿对我和小叶来说，是件大喜事。虽然我们住的地方很小，但是绿意葱葱的街道、时尚的商店、餐馆和咖啡厅，却也带给我们很多乐趣。虽然商店里的东西很多我们都买不起，但是能生活在这样一个高尚且充满活力的地方，也足以让我们感到欣慰。我们可以享受这个城市能给我们的一切最好的东西。我们很快就在悉尼有了一种归属感，我们又开始找到了家的感觉。

撞坏的车送去修理了。我们的朋友江静枝知道我们刚起步，为了帮助我们，主动提出帮我们找些翻译活儿，赚点儿外快。一天，她打电话给我说：“周华，我这儿有个很小的笔译的活儿，才一百三十澳元。你们愿意接吗？”

我说：“当然愿意了。”

她说：“那你星期天到我家来取吧。”

她家住在莱恩湾，离我当时住的地方挺远，乘公交车非常不方便。可她并不知道我的车已经撞坏了，我又没好意思告诉她。所以，我就选择乘坐公共汽车。但是我并不知道，星期天只有一班私营的公共汽车走这个线路，而且每小时才来一趟。我从未坐过这路车。在车站等了好半天后，好不容易上了车，可司机说，这车只到卓姆茵大桥的另一端就不走了。这样，我就得靠两条腿步行了。平时开车不觉得，可走路大约要两个多小时才能到她家。我一路连走带跑，唱着歌，并欣赏着沿途的景色。知道将要得到一百三十澳元的翻译活儿，我心里还是挺高兴，没有感到委屈。可毕竟以车代步惯了，真的跑起来，还是觉得路够远的。但令我高兴的是，我竟然有机会走过卓姆茵大桥。这是一座拱式桥，是靠近悉尼港湾的著名大桥之一。这是我第一次也是唯一一次漫步这座大桥。远处的港湾美景和悉尼大桥、歌剧院及整个悉尼城景色尽收眼底。这也更让我增加了对这座城市的热爱。

江静枝听说我是走着来的，简直不敢相信。她对我说："周华，我见过许多中国来的人，过去曾是医生、政府官员、艺术家，等等。他们经常有许多抱怨：'我曾经是这个那个，可现在却是这样一个状况。'"

她问我："为什么你和小叶从来不像他们那样，患得患失呢？"

我对她说："来之前，我们已经做好充分的思想准备，从零做起。我曾经是外交官，可现在已经不是了，有什么好抱怨的呢？"

她被我感动了。她用她的宝马735把我送回家，只用了十五分钟。坐在舒适豪华的宝马车上，我心里充满感激。

什么是自由自在的生活？我们怎么定义它呢？那就是，有钱，同时有时间，做我们想要做的事情。

那段时间，我和小叶经常探讨："我们到底想过什么样的生活呢？"答案是自由自在的生活。什么是自由自在的生活？我们怎么定义它呢？那就是，有钱，同时有时间，做我们想要做的事情。"多少钱才能给我们这种自由的生活呢？"其实，和我在中国的收入相比，一百三十澳元对于我们来说，已经很多的了。我当时脱口而出："一年应该赚一百万。"尽管我们并不知道，一百万澳元的年收入能给我们带来什么样的生活，但我们想，也许它可以给我们带来一种我们所向往的生活。我们当时想得很简单，也就是能够开自己想开的车，住自己想住的房子，去自己想去玩的地方。我们于是作了一个决定：用五年到十年的时间把钱的问题完全解决。我们立志每年要赚一百万澳元！

当时听起来，这就像一个天文数字，既遥远又抽象。我其实不知道怎样去赚到这么多钱，以及需要花多长时间才能赚到。我只觉得，一年赚一百万澳元的目标是有可能达到的。为了实现这个愿望，我和妻子达成了一致：只要是合法并且合乎情理的事情，无论怎样，我们都应该去做！无论有怎样的艰辛，我们都应该去忍耐，不惜付出各种代价。过去我曾经确立过许多目标。目标一旦确定了，我就会不惜一切代价去实现它。我们做好了迎接一切挑战的准备。

在保险公司工作的第三周，我成为全公司业务完成量最多的员工，收入也达到一千六百澳元左右。每个星期五，我们都有一个销售会议，总经理在会上展示我的支票，以激励新人。对于我来说，那是很多的钱。领到支票后，我高兴地将它送到联邦银行存起来。做这个工作我们没有底薪，只拿佣金。那是我人生中第一次知道，有的人会工作一星期由于没有业绩而没有任何收入。我简直不能理解，竟会有人允许自己工作一星期却没有任何结果。

我从来没想到，我会有销售才能。但如果我自己相信一件事情，我就能够说服别人。也许，这同我喜欢人有关。我天生就认为，世界上的人都是好人。到了保险公司以后，由于什么都不懂，经理让我做什么，我就做什么，教我怎么做我就怎么做，从不打任何折扣。刚开始，我的经理说："你必须向你的朋友去推销。既然这是个好产品，为什么不先告诉你的朋友？"那时，我只有几个朋友，其中四位都从我这儿买了保险。第二个星期，当我收到我的第一张佣金支票时，经理就对我说："假如你真相信保险的重要，你自己也应该买一份。要想成功，你必须相信自己的产品！"于是，我自己也买了一份保险，小叶也买了一份。现在，我已经用尽了所有的资源——我自己、我的妻子，还有我的朋友们。我没有其他可推销的准客户了。

我从来没想到，我会有销售才能。但如果我自己相信一件事情，我就能够说服别人。也许，这同我喜欢人有关。我天生就认为，世界上的人都是好人。

我的经理给了我一箱"顽固客"或叫"等待者"的名单。没有人能

荣获个人保险销售冠军（1991年）

够卖保险给这些人。他们既不感兴趣，也不相信保险。经理说："我知道，这只箱子里面有可销售的人。这是个'小金矿'，用'数字游戏'可以把他们都挖出来。我要是你，我会一一给他们打电话。"其他保险顾问可能都比我聪明，他们可以找到其他的方法去见客人，但我没有选择。因为我已经把我的朋友都推销完了。所以，我要竭尽全力，一一去联系他们。经理常对其他销售人员说："你们看约瑟夫（我的英文名字）！他随时都在打电话，就好像电话长到了他的耳朵上。"当其他保险顾问在咖啡机旁休息、闲聊、互相抱怨的时候，我一直都在打电话，邀约下一个客户。

三个星期后，我发现，我并不是保险公司的代理，只是一个分代理而已。经营这家公司的两个老板是保险公司的代理，我卖出的保单都在他们名下。事实上，保险公司根本不知道我是谁。我们只拿保险公司所给佣金的三分之一。听一位叫马克的同事说，我们可以直接去保险公司，成为真正的代理，拿全额佣金。于是，我和马克到设在查茨伍德区的保险公司去面试。在了解了我前三个星期的业绩后，他们欣然接受我加入他们的团队。前一家公司的经理听说我直接去保险公司做代理的时候，毫不犹豫地没收了我的佣金。这对我来说，也是第一次经历。一个星期以前，我还是总经理最喜欢的保险顾问。现在，当我要求他发给我余下的佣金时，他说："那是根本不可能的！"

我参加了新的培训。一个星期后，我卖了五单保险，赚了五千六百澳元的佣金。客户中有的是新的，有些是老客户介绍的。五千六百澳元对我来讲，真是一个大数目。同时，我意识到，我真的可以控制自己的收入。我赶紧去查茨伍德的联邦银行，把它存了一个定期。

我很早就注意到了一个现象：澳洲人非常喜欢花钱，而中国人则喜欢存钱。在保险业这一点上，表现得尤为明显。我们挣佣金有时候收入很高，但并不很稳定。我的同事约翰每次拿到佣金支票，都会疯狂购物。他会出去买三件新衬衫，把所有西装拿去干洗，然后到顶级餐厅吃上几顿美味佳肴，连早餐都到外边去吃（澳洲早餐有时甚至贵过午餐），周五下午就会来找我借钱过周末。与他相反的是，假如我拿到一千澳元的支票，至少存下七八百澳元。我倒不介意借钱给约翰，只是有一部分钱他至今还没有还。多年以后，我在街上碰见他。他已经有了自己的公司，并成为CEO。按说，老朋友多年没见，应该先问寒问暖一番，可约翰对我说的第一句话就是："约瑟夫，我还欠你钱呢。"我说："算了吧，约翰！能再见到你，我很开心。"

对待钱的态度的不同是一种文化差异。而这种差异我好久才明白。过去我认为，假如澳洲人的平均收入是每周五百澳元，他们的银行账户里肯定存了很多钱。但当他们说他们没钱时，我简直不能理解。我的好朋友宋金鹏的妹妹纳塔丽告诉我，她有房子，有车，银行里还有存款，而和她工资、工龄相同的澳洲同事却什么都没有，把挣的钱都花光了。有些周薪只有三百澳元的中国人在银行里也能有一万、一万五的积蓄，而澳洲人基本上不存钱，边挣边花。澳洲人比较会享受生活。这儿的人多是星期四发薪，星期四、五、六晚上出去吃饭，喝酒，聊天，把钱全花光。星期日到星期三，都在信用卡上透支，债台高筑，愈陷愈深。我不希望像他们一样活得那么潇洒，也不希望像我的一些中国朋友那样省吃俭用，从来不去餐馆，从来不去享受生活。我更倾向于同意在美国留学时学到的，“钱要靠挣，不能靠攒”的说法。

> 我更相信在美国留学时学到的，“钱要靠挣，不能靠攒”的说法。

我在保险公司时的经理有许多年的保险销售经验。我对他说：“我想成为这里最好的销售员，请告诉我该怎么做。”由于我认识的人很少，刚起步时很难。经理给了我一套行动计划。第一，要建立一个具有影响力的圈子。他帮我起草了一封信，专门针对中国社区那些年轻专业人士，如医生、会计、牙医、律师、电脑程序师等。我到华人黄页上把这些专业人士的名字抄下来，发信给他们，然后打电话跟进。经理说：“联系所有跟人打交道的人，如会计、律师、医生、牙医和移民代理，同他们约定见面，然后用你的保险产品给他们的客人提供增值服务。但由于这种方法不能立竿见影，你还要给其他陌生人打一些电话，以便能马上找到推销对象。”

最容易的方法就是，到市政厅买一份选民册。电话白页上有很多中国人的名字，但都是按姓氏排列的，只有姓，没有名字，而且并非来自同一个区。而在选民册上，不但有每个人的全名，还是按他们所住的区一一排列的。这样，你就可以一个区一个区地突破。但选民册也有一个问题，上面虽然有名字，却没有电话号码。所以，我就用白天的时间把白页和选民册上的名字对起来，把白页上的电话号码抄到选民册上。每个星期找出两百个人名和电话号码，然后在星期天的下午到公司来打电话，晚饭前同他们电话邀约。

如此一来，每个星期天下午1到3点左右，我都会有一种怪异的感觉：“又要到办公室去打那些陌生电话了！”我并不喜欢去打这些电话，但是我必须强迫自己往前走，因为我下周必须约到人见面。

我每周至少打两百个电话。我的经理总说：“不要在意对方拒绝你。这是个数字游戏。你只要打这两百个电话，肯定能约出好几个准客户来。”我的确遇到了很多的拒绝，但每星期日晚上，我都能确定下来五到七个约会，有时甚至是十个。见的人多了，销售业绩也就开始增加了。一些年轻的专业人士不仅给我推荐客户，不少人自己也成了我的保险客户。

有一个移民中介叫约翰·林汉，开过悉尼最大的移民中介公司。他刚把办公室从唐人街搬到高登区。我们约好在他家里见面，可到了他家时，他的菲律宾妻子告诉我，他不在家。我足足等了两个小时，他才回来。可能被我的耐心所打动，他把三千个客户的名单全都给了我，但是有一个条件。他的这些客户分别来自中国、菲律宾和印度尼西亚。他说：“我可以把这些名单给你！但你得帮我给每人发封信，通知他们我新的办公地址。你要把信分别翻译成中文、印度尼西亚文和菲律宾文。”

于是，我先把信译成中文，再去翻译公司花钱，请他们把信翻译成印度尼西亚文和菲律宾文。一周以后，我去邮局寄出三千封信给约翰的客户。

虽然这样做需要花钱，还需要花上很多时间，可他给了我潜在客户的名单。我因此觉得，这一切都非常值得去做。

我不怕麻烦，将三千封信寄出这件事，让约翰非常感动。后来，他经常推荐客户给我。他们之中有些人并不适合买保险，有些是既没钱也无永久居留权的难民，还有些是非法移民。但我既然渴望成功，便没有资格挑挑拣拣。给陌生人打电话是非常困难的。我生性腼腆，以前见到生人，甚至会本能地把头低下，不愿正视对方。但为了成功，我不能拿天生的弱点当借口！

有一次，我给约翰介绍过的人打电话。接电话的是一位女士，告诉我说，我要找的那个人搬走了。我本想就此放弃，可这位女士问我，是否愿意要那个人的新号码。我一看她挺热情的就想，反正我也不认识那个人，可这位女士挺友好的，不如问问她，是否对保险感兴趣，所以我说："我们公司最近推出一个新的保险储蓄计划，本周在您所住的区进行推广。您是否有兴趣了解一下有关信息？"

她说："好啊！"

她竟然感兴趣！我很兴奋，庆幸自己多问了一句。我去她家拜访了她，发现她是一个有三个孩子的单亲妈妈。我们谈得很融洽，她为三个孩子每人买了一份教育储蓄保险。然后，我问她，是否有朋友会像她一样对这个保险有兴趣。结果，她又为我推荐了六个人。全都是和她一样的单亲母亲。

由此可见，多问上一个问题，或比其他推销员多做哪怕一点点，都有可能对创造销售佳绩有所帮助。渐渐地，我得到的推荐客户越来越多。一年之内，我就成为我们分部个人保险销售业绩的第一名。

那段时间，我学到的经验之一就是，一定要追随成功的人。经理说："你显然很想取得成功，那就让我告诉你该怎么做吧。"他指着那些正在各自办公室工作的高级代理说："他们已经在这个行业干了二十五年了，每年可以挣几十万。你要注意观察他们是怎么做的，然后模仿他们。每当你遇到困难或绝望时，每当你面临挑战时，你就邀请他们中的一个去喝咖啡或是吃午餐。我保证，每次同他们交谈之后，你会感觉更好，还能学到新东西。"然后，他又指一指另一些人说："这些人销售业绩极差，甚至入不敷出。他们每五分钟就聚在咖啡机旁，一边喝咖啡，一边抱怨保险行业太难，为什么挣不到钱。他们这些人太懒，千万不要学他们！"

> 我没有权利抱怨，更没有权利偷懒。否则，我就不可能获得结果。

我问自己："为什么有些人没有结果？"我知道，我没有其他选择，只能毫无保留地按照经理教我的方法去做。我从没做过销售，所以我必须跟随在这方面有结果的人。我没有权利抱怨，更没有权利偷懒。否则，我就不可能获得结果。

随着我在保险销售方面越来越成功，我的收入也越来越高。小叶和我都感到，虽然帕丁顿的居住环境不错，但我们还是应该拥有一个更大的空间。我有个保险客户要移居海外，把她心爱的马耳他犬送给了我。以前我和小叶常念叨，有朝一日，当我们安顿下来的时候，要养一条小“板凳狗”，也就是“哈巴狗”。现在，竟然有人送给我们一只，还是那种微型的，小脸儿长得非常生动可爱。小叶当时在悉尼北部的赖德–伊斯伍德橄榄球俱乐部工作，我们在俱乐部附近的丹尼斯顿区找到了一座两室三厅的别墅，可以远眺帕拉玛塔河。这是我们第一次住别墅。虽说房租比以前增加了很多，每月要九百澳元，但我们的小马耳他狗比利非常喜欢它的新家。

生活在悉尼的郊区，有各种各样我们以前没有遇到过的挑战。我们有个相当大的后院，邻居彼得·波蒂厄斯教我们如何给草坪割草。我在军队大院里长大，一直生活在高密度住宅区，从来没有机会打草。第一次尝试打草时，由于把割草机的刀片放得太低，结果不仅把草连根除尽，还弄得尘土飞扬。我意识到了，我不适合干打草这一行当。我决定把这个工作交给更合适的人去干。我们一个邻居是个有智障的小伙子，靠给人打草挣钱。我们决定让他来帮我们打草，既解决了我不适合打草的难题，也能帮助这位智障青年。我认为，我可以卖保险，也精通外交事务，但生活中有些事终归不适合我做，比如打草。

俗话说，“撑死胆大的，饿死胆小的”。我们在澳洲打拼的第一年，我的目标是把西格玛换成一辆二手奔驰，比如1983年款的S系。我在路上常看到这款车，早就梦想着要买一辆。1992年初，我们钟爱的西格玛在正常行驶一年后，终于因滤油器堵塞，在小叶回家的路上抛锚了。

小叶和我不得不商量换车的事。她说：“奥迪80怎么样呀？那辆车看上去不错！”

我差点儿吓晕了。那可要三万五千澳币呀！

她说：“什么，我们连辆奥迪都买不起吗？”

我说：“当然买得起了！”我生平最不喜欢“买不起”这三个字。以前小叶一说“买不起”，我就说：“我们当然买得起了！只是暂时还没攒够钱呢。”

从我们相爱以来，小叶一直信任我和我的能力。我很想为她多做点儿什么。我们这时有几万澳元存款，我的收入也很不错。

但这时，我又有了另外一个想法：与其花三万五千买辆奥迪，还不如再多花一点儿，买辆宝马318呢！

于是，我们马上给几家宝马车行打电话，看哪一家能给我们最好的价钱。一周之后，我们到坎特伯雷区的宝马车行提取了我们生平第一辆全新宝马轿车！当时，大陆中国移民中还很少有人开宝马，特别是用自己在澳州挣的钱买下的宝马。

现在看来，当时买这辆车可能不是个明智的投资，因为汽车是贬值的财产，但我们特别喜欢它。买下这辆车，让我们尝到了成功的喜悦，并令我们意识到，只要刻苦努力，像我们这样既无当地学历和经验，又无特殊技术专长的人，其实还是有可能在澳洲“加塞儿”的。

这对我后来总结出人生的“加塞儿理论”，确实颇有帮助。当我每天驾驶着我们第一辆全新宝马车经过悉尼的大街小巷时，我感到非常快乐。我觉得，这个钱花得非常值得。

此后不久，我回到原来工作的比萨店，去看我以前的同事——那些给我最小、最远订单的人。当我把价值四万八千澳元的全新宝马停在店门口时，他们不敢相信，这位当初被他们欺负，甚至被他们笑话的近三十岁的中国人，竟在十二个月后发生了近乎翻天覆地的变化。

而在我心里，这一切只是刚刚开始。

对于我们来说，1992年是颇为重要的一年。8月份的时候，房东提出要将房租每周涨价二十五澳元。这幢房子可能也值这个价钱，但他的态度非常傲慢粗鲁。我最不喜欢傲慢无理的人。

这让我们改变了想法。我们决定去买我们自己的房子。由于把原来攒下的钱都用来买宝马了，银行所余不多了。幸亏有朋友借给我们一些，再加上银行贷款，我们在悉尼北部小叶工作地附近一个叫俄明顿的住宅区，买下了一幢价值十七万五千澳元的三室一厅的别墅。那时，许多中国移民顶多花七八万澳币买房，而且是在悉尼远郊如利物浦、通佳比或七山比较偏远的地方。我的朋友不相信，我们花了他们一倍的钱买下了我们第一栋住宅。

买那栋房子没有花太多时间。我们有三个简单而明确的条件——第一，价钱要在十八万以下；第二，离小叶工作的地方要近；第三，必须干净，能立即搬进去。我们看了三套公寓和三幢别墅之后，买了那栋住宅。付完定金、签完合同之后，我立即打电话给我的朋友、丹尼斯顿租房时的邻居彼得，希望他能给我们一个意见。当彼得说这房买得不错时，我们的感觉好极了。我们生平第一次成了业主。

那年，我还花三千澳元买了一个手机。当时手机叫大哥大，很稀罕。有的朋友见我拿着手机，就说："周华竟然有大哥大了！"虽然那款手机当时是世界上最小的，仅重三百克，但样子还是挺像砖头的。当时，手机技术尚不发达，短信还没有问世。

我记得，几位澳洲朋友来参观我们的房子，看到我们的汽车时，都很惊讶，我们这么快就有了自己的房子和车，而且是辆宝马！仅仅经过十八个月，我们已经买了一栋别墅、一辆新的宝马、一部手机和一台电脑。他们自豪地把我们的故事告诉了所有他们认识的朋友。

> 我为自己努力之后的结果感到高兴，但并没有觉得这些结果有多么了不得。因为我一直在想："下一个目标是什么？"

而对我来说，这一切都归功于我们在中国成长过程中学到的坚持不懈的精神，以及澳洲社会为我们提供的这种可能性。我们还有更大、更远的目标。我们新的奋斗才刚刚开始。

我知道，刻苦努力将是我未来生活的一部分。我为自己努力之后的结果感到高兴，但并没有觉得这些结果有多么了不得。因为我一直在想，下一个目标是什么？我希望能及早还清房贷，再买一幢更宽敞的住房。我曾答应过小叶，将送她一辆奔驰500SL。我当时对此充满自信，以至于还在送比萨的时候，就已经打听好了车价——二十八万五澳元，大约一百七十万元人民币。我知道，这个目标不可能马上实现，但在以后的日子里，一定可以实现。

我不断寻找增加收入的机会，总是同时在做几件事。我仍在卖保险，但也开始从事表演了。爵士乐音乐家格雷姆·贝尔有个朋友叫琼·巴奈特。她经营自己的演员代理公司，经常叫我去拍些电视广告片，或者让我为商务杂志拍些广告照片。有一天，琼打电话，叫我到北悉尼一个摄影棚去试镜。曾因《青年爱因斯坦》在全球名利双收的澳洲导演雅虎·希拉里斯，要拍一部描写澳洲历史上最有名的平民大盗奈德·凯利的喜剧片《鲁莽凯利》。由于保险公司开会，等我到了摄影棚，两位负责摄影的女士正要离开。匆忙中，她们让我对着镜头自报姓名，并随便说了几句话。

我想，肯定太晚了，没希望被选中了。此后，我也没再多想这件事。一周以后，琼打电话说，我被选中了。她说，雅虎和他太太陆璐都很喜欢我试镜时表现出来的热情与豪放。后来，由于预算的限制，导演把几个角色，包括我演的角色删掉了。最后，我在电影里演了一个小配角。

那段时间，我还兼做配音演员，给纪录片、旅游片和迪斯尼动画片配音。我们的好朋友、曾在中国因演唱《南泥湾》而引起轰动的歌星“小帕蒂”甚至还热情介绍我到当地一家俱乐部弹吉他演唱。小叶开

同部分安利下线与上线钻石（1995年）

始利用业余时间接一些翻译活。有时她忙不过来，我也会帮她做一点儿翻译。

在这期间，曾为我推荐过许多保险客户的移民中介约翰，还介绍我加入了美国直销公司——安利（Amway）公司。

作为一名新移民，我渴望成功，对一切可能的机会都持拥抱的态度。可起初，我对安利生意并不感兴趣。原因是当初和我一同进入保险公司的不成功人士离开后，全都加入了安利，还试图邀请我加入。我那时拒绝了他们，心想，他们这么快就放弃了保险销售，很难想象会在安利公司取得成功。他们缺乏能力和韧劲儿。

这一次之所以加入安利直销，是因为约翰曾为我介绍过这么多保险客户，当时只是希望给约翰一个面子，并没有真的想做直销。于是，每次上线叫我邀约几个人到我家，由他来开介绍会，我都敷衍了事。上线起劲儿地介绍安利生意和产品的时候，我就像局外人一样，根本不在乎我请来的人是否加入。由于我自己是这个心态，每次都没有人加入。

后来，上线请我和小叶到首都堪培拉参加安利的一个区域大会。这成了一个转折点。在大会上，我们认识了上线钻石级直销员彼得·麦坎纳，还看到了一大群对安利事业近乎狂热的直销员。这使我们不由得对安利有了新的认识。

回悉尼后，我和小叶兴奋不已，几乎夜不能寐，由此决定开始认真做我们的安利生意。我们确信，凭我们的志向和能力，两年之内，一定能达到钻石位阶。我们还为实现这个目标做好了苦干一番的准备。

当时，我们正在位于丹尼斯顿的家里举办英语课程，教华人移民学习英语。星期一上午课间休息时，我们忍不住向学员讲起周末在堪培拉的所见所闻以及我们成为钻石位阶的决心。我们讲得心花怒放，欲罢不能。我们并没向学员谈及安利产品或生意，可其中一位学员杨敏（当时是位业余歌星，现在是澳洲一家上市公司的董事长）激动地说："周先生，我也不知道你们要做的是个什么生意，可听起来太让人兴奋了。不管是什么，我都要参加！"就这样，单凭热情，我们担保了我们在安利生意中的第一位下线。热情具有感染力，热情是推销过程中的第一武器。

> 当你选择某份工作或某个职业时，先看看已在里面工作二十五年的成功者的结果，他们每年挣多少钱，住什么房子，开什么车，是否幸福。如果你对他们的结果满意，就可以步其后尘。

既然决定认真做安利生意，又曾在美国生活过一年，我和小叶自信，我们可以做成这门生意。与此同时，我虽然还在卖人寿保险，可心已不在保险业了。令我改变主意的是那些从事保险二十五年的成功代理。这么多年以后，他们每周仍然工作六天，每天工作十二小时，而每年收入只有几十万。也许我当时比较天真，但我想，如果要在一个行业成功地干二十五年，每年至少也得挣几百万呀！我想起美国一位百万富翁的话：当你选择某份工作或某个职业时，先看看已在里面工作二十五年的成功者的结果，他们每年挣多少钱，住什么房子，开什么车，是否幸福。如果你对他们的结果满意，就可以步其后尘。因为二十五年以后，你也许可以得到同样的结果。但如果你对他们的结果不满意，现在就要转向，千万不要等到二十五年以后再后悔。那时候，真会是悔之晚矣！我此时意识到，我对保险业那些巨子的结果并不满意！我必须现在就改行。

我的第一辆宝马（1992年3月）

我的第二辆宝马328i（1997年）

我的第一辆奔驰S系（1998年）

## 我的翻译公司
# 奥迪 宝马 奔驰的年代

虽然我当过外交官，上过名校，如今口袋里也有了一些钱，但这一切此时在我心里，都已经不重要。对我来说，最重要的还在于结果。我在追求自己的梦想，希望能有一种成就感。我想在澳洲创建一番大的事业。

我想与大家一道，分享保罗·盖蒂一本书中的一些思想。保罗是个很有意思的人物。他出身于富豪之家，二十五岁已在一座小油田赚到了第一个百万，便决定退休不干了，在洛杉矶当起了公子哥。那笔钱供他挥霍了几年，到20世纪20年代末，他已经结婚、离婚了三次。他的父亲对他非常失望，只给他留下一小笔遗产。盖蒂意识到，他从此必须依靠自己了。经济大萧条时期，他成为一个机敏的投资家，收购了几家国内的石油公司，并将其冠以新的名字——“盖蒂石油”。当时，罗斯福推出的“新政”让很多人感到前途未卜，纷纷通过减少投资的方法来规避风险。他却以闪电般的速度，拼命扩大经营规模。二战即将结束时，他学会了阿拉伯语，承租了沙特阿拉伯和科威特之间的一片荒地，租期为六年。他赢得了这桩赌博，开发的油田很快就达到了每年一千六百万桶的产油量。按今天的货币来衡量，他的身价刚好超过五百亿美元。他是当时美国第一个亿万富翁，也是世界最早的亿万富翁之一。

1976年去世前不久，他出版了一本书。那时，人们常问他：“如果有来生，你打算怎样过？”

他想了一下，说：“我会冒更多风险。我会将更多时间花在大项目上，而不是小项目上。因为大小项目花的时间和精力是一样的。”

盖蒂还有一句名言:“相对每一百个寻求稳定的人,只有一个勇于冒险的人。”

朱钦骐(David Chu)是另一个鼓舞人心的人物。这位出生于台湾的时尚设计师创造的“诺蒂卡(Nautica)”品牌,在休闲时装市场上完全可以与Polo、Ralph Lauren和Tommy Hilfiger等知名品牌一争高下。他和家人于20世纪60年代移民美国。在大学攻读建筑学位期间,一位老师对他的绘画能力颇为赞赏,建议他尝试一下时装设计。他受水手服启发,设计了一系列男式时装。这些时装后来销入美国Bloomingdale和Barneys百货公司,最终使他建立了自己的品牌。“诺蒂卡”品牌在六十四个国家有一百七十家专卖店。2003年,他将此品牌出售给世界上最大的时尚集团之一——VF公司。据说,他从此项交易中净获利一亿美元。当人们问他,如何总结自己创建经营帝国后的心得时,他回答说:“我学到的重要一点是:人生中最大的冒险就是不

在西萨摩亚总理府的晚宴上唱歌(1997年)

去冒任何风险。”

我相信冒险。没有风险就没有荣誉。大多数人都回避风险，而成功人士则会分析风险，并驾驭它们。他们不会盲目地冒险。

我相信冒险。没有风险就没有荣誉。大多数人都回避风险，而成功人士则会分析风险，并驾驭它们。他们不会盲目地冒险。

我还在尝试用各种不同的方法来增加收入。我一边卖保险、做安利直销，同时，也不放弃其他机会，包括继续在家里开设英语课程。

我还和朋友们筹划，合办一份中文商务刊物，但还是把着重点放在了经营安利生意上。我喜欢安利这份工作，是因为在安利做到成功的人不但可以挣到很多钱，还可以自由支配自己的时间。由于卖保险的工作相比之下占用的时间过多，我决定要集中精力把安利做好。这样，成功以后，就可以有更多可以自由支配的时间了。但要想在这个行业取得成功，关键是需要找到很多的人加入，而且加入的人都要消费安利的产品。我已经做到了前者，但我的下线大多是没有永居身份的学生。他们为了省钱，都从超市购买廉价产品，并不使用太多的安利产品。此一体系也需要我介绍加入的人再去找他们自己的朋友加入。我既做一对一的传授，也和大大小小的群体进行分享。在近三年当中，直接听我介绍安利的至少有一万人。我了解产品，对演讲技巧了如指掌。但我的下线说，他们不能像我一样演讲出色。他们对我说：“周华，你讲得太棒了！但我不能像你一样出色。”我意识到，这个体系对我是行不通的，因为我的演讲天赋不可能被下线广泛复制。

如果一种生意模式不能被复制，而只能靠某一个体的才能、时间和精力，那它就不会发展壮大。这是我在实现自己收入目标的努力过程当中所经历的一次很大的教训。因此，无论在这件事情上已经付出了多少代价，一旦认识到了这一点，我就必须果断地作出决定，离开安利，去寻找其他方式来实现自己的目标。我通过安利的教学书籍和磁带，也学到了不少商业技能。那时候，我基本上每天都听一盘磁带，每周五盘，每月读一本相关的书。我问钻石级别的上线詹姆斯·博占姆："我应该买全套书籍和磁带吗？"他回答说，是的。所以我就买了一千多盘磁带。我觉得，这在一定程度上，对我后来的事业起到了很大的帮助作用。其中不但有商业理论，还包涵了如何从积极态度中获益的生动实例，让我受益匪浅。

在我辛勤努力了将近三年、我的宝马开了十五万公里之后，我意识到，我们的安利生意没有希望了。但我不愿承认这一点。一天，我们要去澳洲北部城市布里斯班参加一个大型聚会。小叶说，也许我们就不应该去。她说："你看，这条路行不通！你为什么就不承认呢？"

我不愿意承认，是因为我已经告诉我的下线，我会成为钻石级销售商！我还要帮助他们成为"钻石"！我怎么能食言呢？我怎么能放弃呢？

> 如果你在合理的时间里达不到你想要的结果，那你就应该考虑，要么在做事方式上，要么在渠道上有所改变。但永远不能放弃你的梦想。

但考虑了许久之后，我不得不承认，我已经在安利上花了足够的时间，但仍没达到我想要的结果。我仍然没有放弃一年挣一百万、过上自由生活的目标。我需要换一个渠道。如果你在合理的时间里达不到你想要的结果，那你就应该考虑，要么在做事方式上，要么在渠道上有所改变。但永远不能放弃你的梦想。我没有放弃我的梦想。后来，我的许多梦想都实现了。遗憾的是，我在安利的许多上下线在离开安利后，都放弃了他们的梦想。

正是在安利那段时间学到的一些市场营销理论，帮助我摸索着转入翻译这一行。对于经营方法的新的认识，给我带来了许多新的机会。我学会了如何借助这些方法，将自己经营的生意逐渐向更大、更好的方向推进。

先是我妻子小叶决定进入翻译行业，我们就和所有翻译代理公

父母首次访澳在悉尼达令港（1998年）

司联系。我们给每家公司发出信函，随后打电话跟进。我们的目的是从这些翻译代理公司得到翻译的活儿。不久，小叶就开始接到一些活儿了。

麦克斯·多夫勒是一个在翻译圈中知名的专家。他有澳洲最高的德语五级翻译资格，但我们从未与他见过面。有一次，我为妻子到他位于悉尼市中心约克大街的“语言专家公司”送文件。碰巧，在前台见到的正是这位翻译大师。我一直都是个很腼腆的人。我知道，我要克服这一点，多和人打交道。所以在打过一声招呼，将文件递给麦克斯后，我又强迫自己问了他一个问题：“你就是麦克斯吗？”

我们开始交谈了起来。他问我都干过些什么。跟他介绍了我的背景后，他说：“我们手头有一个翻译工作。澳洲最大的矿产公司BHP在建煤矿。你能翻译他们的文件，并做配音吗？”

一次送文件见面的机会变成了真正的商业机会，并开始了我和麦克斯的友谊。一声“你好”，最终给我们带来了几十万的生意。另外，我以前做过同声传译。他知道后说，他会在圈内的朋友中提及我的名字。

在迪斯尼乐园（1998年，洛杉矶）

一桩只值几百澳元的业务变成了几千澳元的业务和有用的关系网。

不久之后，我接到一位名叫苏珊娜的女士打来的电话。她是法语五级翻译。她说，昆士兰州阳光海岸的君悦度假村将有一个澳大利亚、中国和日本有关候鸟的三方会议，问我是否愿意加入她的翻译小组。她说会付我六百五十澳元。

我以为，她一共才要付我六百五十澳元，但还是想，这次会议是难得的经历，是进入一个新领域的切入口。

后来，我才知道，她说的是每天付我六百五十澳元，一共五天。

我去做翻译，是和一位叫阿里克斯的香港移民陈先生搭档。他是亚太地区最好的翻译之一。阿里克斯和我在度假村里边散步，边聊天。他广泛的经历给我留下了极深的印象。他很难相信，从大陆来的我英文讲得会跟他一样好。我对他十分尊敬，他也很喜欢我，并开始帮我介绍一些会议翻译的工作。直到最后，他说，只愿意和我搭档做同声传译。

当我发现，靠着翻译，我每天能挣到一千澳元时，便开始更重视

同北大同学车飞、赵建伟（1999年，悉尼）

这个行业了。

所有熟悉笔译和口译行业的人都会告诉你，有太多的译员竞争太少的工作机会。但我决定，把重点放在商业翻译和会议传译的高端市场上。我还在最高法院做口译。由于我有外交官的经历，对此并不感到畏惧。

不久以后，我和小叶成了澳洲最受欢迎的中文口译和笔译人员。我们为澳航、澳洲电讯、保瑞（Boral）、BHP、邦辉（Burns Philp）、AMP等大公司的总裁会见中国来的部长或省长做笔译和口译。

由于我对所有接手的翻译工作都抱着“没问题”的态度，因此在当地的翻译圈中以“没问题先生”闻名。无论翻译工作有多难，时间有多紧，我们总是接下翻译工作，并总能按时、优质地完成任务。如有必要的话，小叶会工作到凌晨3点。我3点起床，接替她把翻译做完。

我的目标是，我和小叶要成为翻译圈里人们寻求服务时的第一选择。如果我们太忙，他们再把翻译工作交给别人来做。

翻译中遇到的一个难题是互联网的出现。我们为高科技公司做过不少笔译和口译。但许多英文用语无法译成中文，因为有些技术中国当时还没有，因此，那些词汇还没有产生。

我们努力工作的回报之一就是，有机会在做翻译时，到澳洲和海外旅游胜地游玩，如夏威夷、洛杉矶、墨西哥城、西萨摩亚、曼谷和珀斯。我们又买了一辆车——奥迪90。

我记得，曾和一些日语女翻译聊天儿时了解到，她们收入很高，但

与北大同学全莉和赵建伟（1999年）

态度和我们不同。他们会在大学找一份教口译、年薪四万的工作。每年有六十天做会议传译，每天挣一千澳元。所以，他们每年会挣到约十万。这在翻译界，是公认的高薪。但除了笔译和口译，我们还有其他收入来源，包括配音、演电影、拍广告和生意介绍。当澳航恢复飞北京的航线时，小叶被选中做"欢迎登机"的录像和录音。我们已有了多种不同的收入来源。

我还加入了另一个直销公司。这是日本人在台湾建立的公司。在安利之后，我已决定不再干直销这一行。但我认为，如果产品很好，我可以自己使用。此公司是销售一种健康保健产品的。我听了一次公司

讲座，认为这种模式可以被复制。安利的运营方式是通过个人演讲，找到更多的人加入。其中，个人的演讲起到决定的作用，且不易复制。而这个新的系统，上百人会去悉尼市中心的办公室参加讲座，由公司专门人才演讲。这使公司在短期内迅速发展起来。

我在介绍三个人加入后，就回中国探亲了。回来后，我的组织已有一百多人了。一年后，我的组织增加到三千人。我成为公司在澳大利亚

与小叶在夏威夷做同声传译（2000年）

新西兰地区的第一名。

我还记得，有一天，那些日语翻译见我开了辆奥迪，开玩笑道："你肯定是在贩卖毒品！要不，你怎么可能买得起这车？"

他们的语言和翻译能力跟我差不多，也许比我还要好。我们之间主要的区别，就是我们的想法。他们是翻译家，而我是企业家。他们接受现状，而我却不断寻找每年挣百万的方法。

这是我在1991年刚移民澳洲时定的目标。许多人会设定目标，但他们并不真能的说到做到。如果他们不能在设定期限内实现目标，就会放弃。当我设定一个目标时，会真的说到做到。我不在乎要花费多

少时间。当你到达山顶后，景色都是一样的美丽。但如果你没能到达山顶，你永远都不会知道，你错过了多么美的景色。

这些年里，我们建立了一个成功的翻译公司，但需要付出大量的时间和精力。我和小叶要长时间辛苦地工作，还要不断地寻找新的翻译业务。

1998年，我们的儿子“老虎”出生了。我想多花些时间在家陪他，为他创造一个幸福快乐的环境。我是一个很爱玩的人。在追求成功的同时，我暂时放弃了很多兴趣爱好。

人们都说，从早9点工作到晚5点的人只能养家糊口，而那些从下午5点工作到晚上9点的人才是挣大钱的人。

尽管我喜欢看电视和听音乐，但我不愿买大电视和高级音响回家，因为我并不想舒服地呆在家里，什么也不做。我一直都在想象着，有一天我创造了足够的财富，我会买最好的电视和音响，尽情享受这一切，从此再不用为钱而操心。

这就是我的动力。就像当年全力准备高考时想象着，有朝一日可以在北大未名湖畔听优美的旋律——《我们的生活比蜜甜》一样。

如果我们把每一天的工作都当作追求梦想的一部分，那我们的工作就会变得有意思得多。

当你一直努力工作之余有些休闲的时间，你会特别珍惜。如果你总是在休闲，你就不会如此珍惜，甚至感到乏味。这就像物质享受一样。我们初到澳洲时，基本没有什么财产。每次买些新东西，都会很开心。但如果你出身于皇家贵族，生活极尽奢华、舒适，就不会体会到拥有与匮乏的区别。所以，我觉得，我更能享受生活，更加幸运。

在早些年里，我一直在考虑如何成功。我阅读了大量书籍，以求实现自己的目标。我早期阅读的书中有一本叫《思考与致富》。该书的作者是拿破仑·希尔。希尔认为，百分之九十八的人没有坚定的信仰和目标，从而导致他们不能成功。在书中，希尔谈到钢铁大王安德鲁·卡耐基积累财富的秘诀。他说，如果你在思想上没有准备好，就无法掌握这个秘诀。他说得没错。我第一次读这本书时，尽管能明白书里的语言，却不能很好地理解其中包含的概念。“在生活中，一个人暂时遭遇生活低谷，并不说明他就低人一等。他只是在生活中的那一刻，还没有做好追求成功的准备。”过了几年，当我有了更多人生阅历和感悟之后，再读这本书时，就更能读懂它了。它也为我提供了一种走向成功的动力。

1998年，我们可以说是一帆风顺。小叶将要生下我们的儿子虎子。我下决心在儿子出生后，开着世界上最安全的车把妻子和儿子从医院接回家。

我试开了几辆车，最后决定在宝马7系和奔驰S系之间选一个。

与小叶在巴黎凡尔赛宫前（1999年）

最后，还是一部名为《和平缔造者》的电影（由妮可·基德曼Nicole Kidman和乔治·克鲁尼George Clooney 主演）让我最终决定购买奔驰。电影中有一场奔驰与宝马对撞的镜头，一辆S系大奔把几辆宝马5系撞个稀烂。

那时，我们在悉尼北部艾平区别墅的房贷已基本还清。这是我们在澳洲拥有的第二幢房子。我们买这幢房子的过程也很有意思。

1995年，我们获得了永居身份。小叶准备帮她的父母办移民澳洲的手续。我们在俄明顿的房子有些小，打算换一套大一点儿的。当初，购买俄明顿的房子很仓促，所以我们决定，这一次要慢慢来。她的父母要几个月以后才来，因此，我们可以不急不慌地找房。

我们看了几幢房子，最终看上了在艾平区的这幢别墅。这是一座二层小楼，有三间大客厅和五间卧室，在一条静街的尽头，而且离购物中心很近，一切都近乎完美。我们认为，这房至少要卖四十多万，大大超出了我们二十五万的预算。因此，我们并没有打算要买这幢别墅。直到一个周六早上，房产中介给我打电话，邀请我们去参加拍卖。我想，他们是担心没有足够的买家来拍卖现场。我之前并没有查看房屋买卖合同，也没准备贷款的事。我甚至没想出价，因为我认为它远远超出了我们的预算。

当我们到达拍卖现场时，拍卖正要开始。就在我们快速地再次看过房子之后，拍卖正式开始了。总共只有四五对夫妇到场。房主刚刚离婚，需要快速卖掉房子。结果，只有一个人出价二十四万五。中介认为，这个出价太低了。我环视了一下周围，发现并无其他人出价。好冒险的本性使我忍不住把手举起来了，出价二十五万。这是最后的出价。销售中介对我耳语道，房主必须卖掉这房子。如果可以再加一点儿，我将能以极为优惠的价格买下这座美丽的房子。我说："好吧，再加两千澳元。如果卖主不接受，我就不买了。"卖主竟然接受了我的出价。我和太太既兴奋又担心。

事实上，我完全违反了我们原定慢慢来的计划。拍卖人要我们支付百分之十的定金。我并不知道，通过拍卖方式买房，需要立即支付百分之十。我已把存款用来支付俄明顿房贷和买奥迪90了。我们在银行已没剩下什么积蓄。

所以，整个周末，我都在打电话筹集二万五千二百澳元的定金。周一，我们去见了澳纽银行的贷款经理。他说："我可以批准你的申请。但像你这样在没拿到贷款预批之前就买房的做法太冒险了。下次可不能再这么干了！"

我们最终筹集到了定金，也获得了房贷。像我们这样买房的方式，我并不提倡。当然，除了爱冒险之外，我也的确知道，我会得到房贷。因为我们基本还清了第一套房子的贷款，而且我的现金流一直很好。

我俩在那个周末做的另一件事就是，让朋友彼得帮我们再看一下

与小叶在比利时（1999年）

房子。彼得看了一下房子，说在艾平区买房绝对错不了。我们觉得踏实了些。第三方的鉴定总是很有帮助的。

从生意角度上，我日益感到不安。我们的收入一直都稳定上涨，到了1996年，就不再增长了。我尝试了许多途径，来达到百万收入。我试过不同的生意，我们工作极为努力。

但在1998年1月时，我意识到，我没有什么更好的方法来提高收入了。对于许多人来说，几十万澳元的年收入已经不错了。但对我来说，这是在浪费我的生命。

我看了一下周围的朋友。他们的收入都跟我差不多，有的还不如我。我知道，他们帮不了我。

同时，我觉得越干越累。我当时已经是每周工作七天，包括大部分晚上的时间。我问自己，我到底想这样干多久？我什么时候才能实现自己想要的生活方式？如果我能有一些投资或资产给我带来足够的收入，那我就不用这么辛苦了。那该有多好呀！

在此之前，我一直有投资地产的打算。我已经考虑四年了。我和小叶谈论此事已有两年了。但我一直很忙，我们也没有紧迫感。大多数人都是这样的：他们想到要做一些事情，想要做个生意、出国、探险，但从不真正付诸行动。我也曾那样。

1998年1月的时候，我听到这样的一则电台广告："普通工薪阶层可通过地产，成为百万富翁！"这个广告我已经听了将近六个月了，但我一直认为，这不适合我，所以一直没有采取行动。我还以为，我可以靠自己挣到钱。这次我定了两个座位。到讲座那天，我已把这件事给忘了。多亏举办讲座的公司打电话提醒我，于是，我决定去听听看。

我们几乎迟到了。讲座在帕拉玛达市河边影院。进去之前，我看到一辆崭新的宝马740il就停在门口。我想，也许这辆车就是今晚讲座主讲人的。他敢在人们面前大讲如何致富，就应该很富有了。

讲座的主讲人是一位我1991年卖保险时认识的同事。他的名字是威廉姆·欧多亚。他是从爱尔兰移民到澳洲的。我还记得，当初在保险公司，他站在我身后，听我如何通过电话卖保险。他几个月后就离开了保险公司，进入了地产市场。我听说，他在地产市场干得不错。

讲座中，威廉姆讲到，他拥有的房产数量要比他手指和脚趾数

和北大同学王劲（1999年，悉尼邦迪海滩）

和小叶、威廉姆夫妇在未来集团的圣诞晚宴上（1999年）

量加起来还多。

我很难相信这一点。

我们失去联系的七年中，我一直努力工作，还清了第二个房贷，拥有两辆豪华轿车，每年有几十万的收入，银行也有存款。对大多数人来说，我干得还不错。

但他在七年内就有二十多套房产？

我问自己，跟我条件一样的人，怎么能获得如此成绩？

在过去的七年中，他的成绩远远超过了我。

这不是因为我不够努力，也不是因为他比我更聪明，而是我们走的路不同。

我请求他第二天来我家聊聊。那年他才三十岁，已经成为百万富翁，拥有一辆宾利Brooklands和一辆宝马740il，还经营自己的地产生意。

他告诉我，他能成功的关键在于，他跟随了一位房产百万富翁。而我一直都是靠自己。

对大多数人来说，陷入困境时，总想靠自己找到答案。他们并没有意识到，问题不在市场，不在产品，不在任何其他人身上，而往往在于他本身。他们只有突破自己，才能前进。

威廉姆能成功，是因为他得到了不同的信息，并采取了不同的行动，学会如何将现金流转变为资产。他先买了投资房产，而不是漂亮的自住房和好车。相反，我先买了宝马和一套自住房。

我意识到，以前的路走错了。现在，我有了学习的榜样，应选择正确的方向。从那以后，我选择了地产投资。

十二个月后，到了1998年底，我买了七套投资房产，包括一套位于悉尼城边高尚区巴尔曼价值八十万的水边公寓。

我问自己，“为什么能在过去的十二个月就买了七套房产，而四年中尽管一直都在考虑，却一套也没买成呢？”

我认识到，这是因为有人告诉我，该怎样去做，有人带着我往前走，把买房这件看似复杂的事变得容易可行。如果我只靠自己的主动性和胆量，由于生意很忙，又怕买错，也许一套都买不下来。再说，市场上有成百上千的房产，到底该从哪儿下手呢？

说到风险，真正的该是如何处理风险，如何了解风险。如果没有人告诉你该怎么做，人们想得最多的，是去回避风险。

我意识到，我在房产投资上的经历能够帮助其他人改变想法，从而通过房产投资来达到财务自由。我想，一定有不少人想做些事情，却没有时间去做。他们对房产的认识与我之前一样：先买自住房，尽早还清房贷，再搬到更好的住宅区、更大的房子里。几轮下来，你会住进很好的房子。

每个人都想致富，但有些人缺乏知识、时间和精力，或者没有人

在未来集团圣诞会上唱歌（1999年）

小叶在欧洲（1999年）

每个人都想致富，但有些人缺乏知识、时间和精力，或者没有人给他们指明如何去做。

给他们指明如何去做。

我知道，我可以帮助他们。

我不打算继续做翻译，因为翻译不会给我带来百万收入。日本的直销公司已倒闭了，我开始寻找新的出路。

当时，我面临几个选择：一是与朋友合伙卖股票交易软件，还有一个人让我一半股份，加盟他的公司。但在当时，他们的境况都还不如我。我从他们身上可能学不到什么新东西。

我想起了威廉姆。他开宾利，是百万富翁。我认为，我应该跟他交往——近朱者赤嘛。我开始想到社交圈的威力。当时，我的朋友中没有一个挣到一百万的，而我真的想挣到一百万。所以，我决定把翻译公司关掉，到威廉姆的公司去打工。

从表面上看，我在事业上向后退了一步，从经营自己的生意到回去给别人打工。但在生活中，有时我们为了往前迈两步，需要先往后退一步。

小叶也认为，我应该跟威廉姆一起工作。我要从零做起，在他的公司（未来集团）担任销售顾问。

威廉姆记得，我曾是保险公司最好的销售人员。我告诉他："我已经知道如何挣到五十万了。我到这儿来，是为了挣到一百万。"我还告诉他，我想成为他的生意伙伴。

他说："约瑟夫，在保险公司你是最好的销售人员。当时，我曾模仿过你的销售方式和技巧。我知道，你很擅长销售，但我并不需要一个生意伙伴。"

"我现在当然还不够资格。但我要向你证明，我可以为你的公司带来更多的价值。今后，我会努力帮你挣钱。因为我为你挣的越多，我自己就挣的越多。"我回答说。

威廉姆说："我们走着瞧吧！"

母亲和女儿在我家后院（2001年）

尽管我只是一个普通的销售人员，但从加入公司的第一天起，我就把自己看成经理。我开奔驰S系，已把第二套房子的房贷还清了。我还有七处投资房产。我相信，我在地产业一定会成功。我也相信，我会帮他把生意做得更大。我决定了三件事：第一，我会成为公司的销售冠军；第二，我要成为公司中态度最积极的人；第三，我会给公司带来最大的增值。我知道，如果我能做到这三点，我对公司就更有价值。

那时候，来参加未来集团讲座的人数锐减。事实上，威廉姆已不再做讲座了。

而我知道，中国客户市场有很大潜力。许多像我一样的中国客户有可能会通过未来集团购买房产。那个时候，绝大多数华人移民都没有系统化的地产投资。尽管他们也一直在买房产，但多为自住房。既然我能一年买七套，他们当中肯定有人可以买一套或两套。

我建议威廉姆在华人市场开办地产投资讲座，他同意了。我帮他包装了一个“由穷小子变为千万富翁”的神话故事。在他的讲座中，我也会作为他的中国客户，站起来做实例证人。我会讲，我是如何跟随威廉姆在十二个月内买下七套投资房的。

这些讲座获得了极大的成功。威廉姆在华人市场中成名了。来听讲座的人既为威廉姆白手起家、成为千万富翁的故事折服，又慨叹我讲的一口流利的美国英语。讲座获得了巨大成功。

除了销售之外，我还接管了威廉姆讲座的市场推广，并在媒体中广泛介绍他的成功故事。我把威廉姆变成了华人社区家喻户晓的名人，未来集团的销售业绩直线上升。

那时，我做到了我曾经决定的三件事。在相当长的时间里，除了做销售冠军挣佣金之外，我义务为公司做了大量的增值工作。我既未想过，也从没有向威廉姆要过一分钱。

> 我有一支极为优秀的销售团队。每一个员工都是我亲手挑选的。我只选最优秀的人。

两年之后，我开始掌管销售人员的雇佣、培训和管理。之后，我正式出任销售经理。我有一支极为优秀的销售团队。每一个员工都是我亲手挑选的，我只选最优秀的人。我从来没跟威廉姆讲过任何条件，我把公司当作自己的公司。

威廉姆对我很好。我们经常一起喝咖啡，吃饭。我们经常讨论如何一起建立一个地产王国。他是个极为机敏的商人。我们能互相促进，刺激对方的想法。我们也谈到其他成功的商人。

威廉姆经常提到，公司的现金流很紧。这是地产公司的共性。每当现金流紧张的时候，我都主动跟威廉姆说："请先付钱给员工和销售人员。如果我们的现金流紧张，你可以下个月或两个月后再支付我。"

我是真心的。威廉姆对此很感激。但在大多数情况下，他都尽可能按时付我工资。

在这段时间内，我们的工作关系越来越好，还增长了友谊。威廉姆对我的为人和能力，也越来越了解了。以前，他只知道我是一个出色的销售人员，并不确认我是否有领导才能。我们的团队越来越好。

除此之外，还有一件事使威廉姆彻底改变了对我的看法。我们全部卖掉了位于博伍德区的一个公寓楼。由于威廉姆买断了整个项目，如果交割时还有房产没卖掉，他就得将其买下。

那是2000年，房地产市场不是很景气。我的女儿弗洛伦萨就出生在这一年。利率在不断上涨，商品服务税刚刚推出。所有报纸都说，悉尼奥运会后房价会降百分之二十。博伍德区的公寓楼还有三个月就要交割了。所有卖出房的房贷都已确定下来，其中三十五套的房贷是通过一个中国的房贷经纪人办理的。

有一天我们被告知，贷款公司正在调查房贷经纪人造假的行为，这三十五个房贷因涉嫌被全部取消了。

威廉姆一直很有绅士风度。但面对如此突变，他沉不住气了，当众骂娘。我并不怪他，如果这些房子不能成交，他就不得不自己兜底。

这三十五套房子大多数是我卖的，所以，我也可能会拿不到佣金。我没有惊慌失措，也没有抱怨他人。我对威廉姆说："别担心！我会用两个月的时间，把这些房贷重新搞定！"

我说到做到。我带着另一位贷款经纪，分别去见了这三十五个买家。他们都还不知道贷款申请出了问题。我向他们解释了需要重新申请贷款的理由，他们都同意按我说的去做。

幸运的是，两个月后，除了两个买主，其他所有人都又申请到了贷款。没有申请到贷款的两个买主的房子也都找到了新的买家。我和威廉姆对此结果都很满意，交割如期进行。

这两个月中我无暇顾及销售，影响了个人业绩，但赢得了威廉姆的信任。他在我身上看到了领导才能。他对我说："约瑟夫，你可真行！你怎么能随时都保持镇定呢？"他还为他之前的失态深表歉意。威廉姆不愧是位绅士！

我认为，那是我和威廉姆关系的转折点。有一天，他对我说，如

陪父母去澳大利亚首都堪培拉（2001年）

果我能带领销售团队在一段时间内保持优秀的销售成绩，他会考虑付我一笔可观的领导佣金。我当时什么也没说。在此之前，我从来没有向威廉姆要过任何奖励。我知道，只要我有价值，自然会得到应得的奖励的。

几天后跟威廉姆一起吃午饭时，我问他："你那天提到，如果我带领销售团队在三个月内连续作出好成绩，你会付我一笔领导奖金，你是认真的吗？我需要做什么呢？"

他说："如果你能让团队连续三个月每月卖二十套房子，我可以每套付你五千澳元。"

接下来的很长时间里，我和我的团队每月的销售业绩都是四五十套。我的销售人员都挣到了可观的佣金。我个人的月入也涨到了二十至二十五万澳元（一百二十至一百五十万人民币）！

十年中，我曾每晚外出工作，卖保险、做安利产品销售、做翻译、做房产销售，以期实现百万收入，但最多只能达到五十万。现在，我终于实现了年收入百万以上，且不用每晚外出工作。我的销售团队在销售房产，而我也能得到可观的收入。

一天晚上，我在家看电视，掐了一下自己的脸，看看是不是在做梦。我不用再出去做销售，每月却能挣到二十万。我已成为澳洲收入最高的销售经理。

我简直不敢相信！1991年刚移民澳洲时，我和小叶斗胆想出了岁入百万澳元的目标。我们除了能讲英语，并无任何特别技能，更不知道如何去实现这一目标。尽管经历了许多挫折和挑战，也有不少人怀疑我们的能力，甚至笑话我们的目标，但我们始终没有放弃。现在，我们终于实现了这个岁入百万的目标！梦想的确可以成真！

> 尽管经历了许多挫折和挑战，也有不少人怀疑我们的能力，甚至笑话我们的目标，但我们始终没有放弃。

威廉姆的公司业绩至少增加了百分之三百。刚进公司时，威廉姆每次只是买断十套公寓。而两年以后，我们在六个月内就售完了史卓菲区一个两百套公寓的楼盘。每一套都是开发商动土之前卖掉的。之后，我们又在两个月内卖了主楼盘旁边的另外七十六套房子。后来，威廉姆买断了一个有四百六十套公寓的楼盘。开盘第一个月，我们就卖出一百套。我在未来集团为自己创造了一个机会，实现了每年百万澳元的收入。我的销售人员的收入也都很好，其中有几位每年能挣到几十万澳元。

我很高兴，能找到这一途径。我曾在直销、翻译、拍片和录音等方面花费了好几年的时间，我曾经同时做六份工作。

我意识到，要想成大事，必须要专注。一个人再有能力，也不能用自己百分之三十的精力去和他人的百分之百竞争。

> 我想集中精力在一件事上。我不想从多个来源得到少量的收入。我想，只从一个来源得到大量的收入。

该是改变的时候了。我想集中精力在一件事

上。我不想从多个来源得到少量的收入。我想只从一个来源得到大量的收入。这个来源就是地产了。

来澳十年后，我实现了刚到澳洲时定下的目标。那时，我还在送比萨饼。现在，我能每年收入百万。从个人的角度来看，我们的确达到了成功人生的一个高峰。我们在艾平生活得很开心。

更让我欣慰的是，1998年我儿子出生后，父母来悉尼探亲，在艾平的房子里住了半年。能和父母分享我们的生活环境，令我们开心不已。我们的房价在五年内也翻倍了。

但我已经准备好要买一座百万澳元的房子。由于我忙于工作，小叶负责看房。她看上了一座位于查茨伍德的房子。那是一座位于一条私人街道一侧、面向高尔夫球场的三层别墅，非常漂亮。

我在开会之余，抽出点儿时间赶去看房。我只花了三分钟，看了一下楼上楼下，就离开了。房主当时也在场。房子是他们盖的。他们非常喜爱这所房子，很不情愿把钥匙交给房产中介。他们想在每一次开放

与小叶在墨尔本看望教子（2002年）

时间都亲自在场。他们看到我三分钟内就离开了，就对中介说："他要么就是别家地产公司的，专为探听信息，要么就是不感兴趣。"

歌星"小帕蒂"在小叶四十岁生日晚宴上（2002年）

拍卖定为星期六上午10点开始。早上8点半的时候，我们还没有起床。我问小叶，是否还对这房子有兴趣。最终，我们决定去看看。我们晚到了一刻钟，幸好拍卖人还没有到。我们事先并没阅读买卖合同，我也没有注册要参与拍卖。但当我和小叶抱着刚出生不久的女儿来到拍卖现场时，我就觉得，这是个正确的选择。我们开始与另一位非常想买这房子的人竞争出价。到九十九万时，我就把对方吓得退出了竞争。可房主还是不愿意成交。我亮出了最后的出价，最终以九十九万五千澳元（近六百万元人民币）成交。这是当年本区拍卖的房子中最贵的一座。这离我们想要的百万房子仅差五千澳元。

这房子真是棒极了，共三层。底层是娱乐设施，包括桑拿浴、按摩池、酒吧、乒乓球室及泳池。二层是客厅、饭厅、厨房和一个可以俯瞰高尔夫球场的书房。三层是睡房。唯一的问题是，只有一个车库。我非常喜爱汽车，但通往车库的车道较窄。

我们本来考虑购买一辆宾利雅致，但此车的轴距三米多，总长度为五米四。我不能确定这辆车能否安全停入车库。销售代理告诉我，宾利两年后要出一款Continental GT的新款跑车，我就订了一辆。这是我经历过的最激动人心的等待期。宾利很会一点一点地透露新款车的信息。我会从各种汽车杂志上阅读有关我新车的每一点信息。

未来集团为我庆贺四十岁生日（2002年）

著名德语五级翻译麦克斯、电视主持人维多利亚及好友尼克为我庆贺四十岁生日（2002年）

澳帝集团开业日我与商业伙伴阮安迪、黄力（2002年）

著名爵士乐音乐家贝尔夫妇参加我四十岁生日庆贺活动（2002年）

这就像购买期房一样。我买车的价格是三十七万五千澳元，得先付三万七千五百澳元的定金。宾利在一年后开始生产此型号的车。我们这时需要付百分之十的定金，提车的时候再付清全部余额。尽管我一直耐心地等着我的车造好，一些撞车报告表明，一些四轮驱动车并不像我们想象的那样安全。

最终，我将奔驰四轮驱动换成了宝马745Li。太太去车检时，又看上了一辆双门宝马330ci。

我们最终买了辆宝马330ci敞篷车。这是我们的第一辆敞篷车。几年后，我们又将此车换成了一辆顶级路虎。

小叶和孩子在海岸度假（2001年）

在我的宾利轿车前（2005年）

## 再次创业

# 宾利的年代

每当我想到房地产投资，就不禁联想到温布尔顿网球公开赛。我想到的并非坐落于伦敦西南郊的那个小镇，尽管那里风景秀丽，不失为购置房地产的好去处。我想到的是网球。很多人认为，可以完全靠自己进行房地产投资，而且确实有些人成功地做到了这一点。然而，只有那些为自己创造了最大成功机会的人，才有可能获得最丰厚的回报。

网球未尝不是如此。瑞士网球名将罗杰·费德勒赢过六届温布尔顿，并创造了连续二十五次进入大满贯男单决赛的纪录。他绝不会随随便便踏上赛场。费德勒总是做好最充分的准备。他永远做好最充分的赢得比赛的准备。一班人马总是跟随费德勒，到各个重大比赛场所。父母和夫人是他的精神支柱；教练确保他有一套针对不同对手的比赛计划；体能教练保证他处于最佳竞技状态；心理医生也会到场，帮他调整心态，以保证他在心理素质上占优势；按摩师为他的身体做好最充分的准备，并随时处理伤情，使他在受伤情况下能继续比赛。简而言之，费德勒身边围绕着一批身负重任的人，以确保他胜券在握。

房产投资何尝不是如此。你身边要有这样一批人：最好的贷款经纪人、最佳的会计师、律师及房产投资顾问。同时，这些人必须相信你能实现你所制定的目标。

很难想象，费德勒的随行人员当中会有人在他踏上温布尔顿赛场前表达消极情绪。比如，有人对他说："别费力气了！你肯定赢不了拉菲尔·纳达尔！"你能想象这种消极态度所带来的后果吗？如果没有周围人全力以赴的支持，费德勒获胜的机会又有多少？他的团队必须对他有必胜的信念，相信他能实现赢取大满贯的目标。

父母八十大寿（2002年）

投资也一样。任何投资者要想获得致富的最佳机会，就必须保证得到各种支持和帮助，不需要凡事亲力亲为，尽可以利用杠杆原理，借助他人的时间和技能。你不必掌握所有知识，正如福特汽车公司创始人亨利·福特所说的那样："我的桌子上有多个按钮。我需要哪方面的专业知识，只要知道按电钮找谁就行了。"

> 任何投资者要想获得致富的最佳机会，就必须保证得到各种支持和帮助，不需要凡事亲力亲为，尽可以利用杠杆原理，借助他人的时间和技能。

随着地产投资方面经验的不断增加，我开始采用上述策略。我意识到，在地产投资过程中，人们需要互相扶持，需要拉拉队。同时，应该让人们在充分了解资讯的基础上，对自己的将来做出明智的决断。正当别人都以为我会坐在家里享受丰厚收入时，我已在开始思考变化了。

我最初加盟威廉姆的公司时，曾向他表示过，希望将来能成为他的合伙人。我完全相信，自己能为公司带来巨大增值，并以行动和结果证明了这一点。

1999年至2001年间，公司利润不断翻番。我个人的收入直线上升。我属下的销售人员全都享受到了我们有效的销售策略以及繁荣的地产市场所带来的收益。

威廉姆从未像如今这样发达，他和我也结下了深厚的友谊。每个周二我们都共进晚餐，憧憬将来共建一个地产王国，并征服世界。我从他身上学到了许多东西，也很珍惜我们的友谊。

但我心里很清楚，这只是威廉姆的生意，不是我的。他也明白地向我指出了这一点。虽然我的收入相当可观，而且整个销售及市场部由我全权管理，但我心里那个创业者的声音告诉我，在我的生活中，还缺少一样东西。我想参与公司的重大决策，亲手打造公司的未来。但威廉姆在多个场合明确向我表示，这个公司永远只属于他一个人。

那时，我定下了新的奋斗目标，力争月入百万澳元，并积累两亿五千万澳元（约十五亿元人民币）的资产。

一旦锁定目标，我立即着手实施。

我心里明白，靠给威廉姆工作我是无法实现新目标的。我想，充其量，我是威廉姆未来远景的一小部分。可万一威廉姆的远景对我来说不够宏伟，怎么办？到那时，我能有什么选择？

我相信，我应把自己置身于比我更优秀的人群之中。

我记得，我曾同威廉姆探讨过这种认识，他却回答说："没人比你我更优秀。咱俩是最棒的！"

在用人方面，我不希望家人或朋友参与我的生意。我妻子小叶和我曾一起经营我们的生意，后来，她选择了做全职母亲。我进入地产业后，我俩决定，这份生意将由我一个人来经营。如果需要听取小叶对任何事情的看法，我会征求她的意见。将来孩子大了，她愿意创办自己的事业，我会全力支持。但我们不希望打理同一个生意。我希望能独立决策生意上的所有事情，不希望员工认为，这是个家庭作坊，更

全家为父母祝贺八十大寿（2002年）

不希望家人随便参与公司决策。

1998年，我结识了一位越南裔的小伙子阮安迪。他是来自越南的难民，十五岁来到澳洲时，全部家当就是身上穿的裤衩、背心。他曾是

我做过的日本直销生意中的下线。当时，我是这个生意在澳大利亚和新西兰市场上的第一名。安迪也想把生意做得和我一样大。他个子很矮，也就一米五多点儿，且其貌不扬。但他主动上来跟我打招呼，并问我能不能从悉尼飞到墨尔本去，帮助他和他的团队。他还提出，可以到机场去接我。

到了机场停车场，我看到他开了一辆宝马318双门跑车，立刻对他另眼相看。他当时年入不过六万，居然敢买全新的宝马。绝大多数年薪六万的人别说买宝马了，连想都不敢想。我马上意识到，安迪是个有梦想的人。在他的收入水平上，能对车有这么高的追求，他显然相信，自己将来会挣很多钱。

1999年初，安迪用自己的房子作抵押，和朋友黄力从墨尔本回越南做生意。一年以后，他们的生意失败了，损失了二十万澳元。

1999年底，安迪回到澳洲，就打电话给我，让我给他建议一条出路。他没钱，还欠了一大笔债。我邀请他到悉尼，来跟我学习销售投资房产。为了与我和威廉姆为伍，他痛快地答应了。本来，他完全可以在墨尔本找一份工作，挣钱还债，但他却再次离开自己年轻的妻子，只身开着那辆宝马来到悉尼，在一个完全陌生的城市向陌生人销售投资房产。他说，他选择来

与小叶在澳帝集团圣诞晚宴上（2002年）

悉尼，完全是为了同我和威廉姆近距离接触，向我们学习。

那是2000年初的事情。对安迪来讲，孤身一人在陌生城市推销投资房产，不是件轻松的事。此后十二个月中，安迪卖出了一些投资房产，更从中学到了有关地产的知识。同时，还从威廉姆和我那里学会了如何做房产投资生意。

2001年初，安迪的太太凯希怀孕了，因为家人都住在墨尔本，安迪决定搬回墨尔本去。走之前，他对我说："约瑟夫，只有你让我舍不得离开悉尼。我希望你能做我未出生的儿子的教父。那样，我们就成了一家人。我们一辈子都会联系在一起了。"做教父对我来说，还是第一次。我感到莫大的荣誉。

回到墨尔本后，凭借好友黄力的一张信用卡以及安迪在悉尼学到的房产投资知识和经营模式，他俩于2001年4月开办了一家房地产投资公司——澳帝集团。他们把安迪在悉尼学到的生意模式运用到越裔移民市场，第一年就成功售出一亿澳元（约六亿人民币）的投资房产。

2002年初，正当我思考着要对未来进行新的调整时，安迪邀请我和小叶去墨尔本看望我们的教子。他带我们参观了他们的公司。我记得，我当时对他们七百平米的办公场所和气派的九米多长的会议桌印象颇深。我没想到，他们在短短一年当中，竟做得如此成功。

黄力和安迪对我说：“约瑟夫，就连我俩都能一年挣几百万澳元，你还跟威廉姆浪费什么时间呢？你要出来自己做，肯定比我俩干得更好！”

此刻，我的决定变得更清晰了。

回到悉尼，就在我领到一生中数额最大的佣金支票的那一天，我向威廉姆递交了辞职信。

那天，我和威廉姆像往常一样，在公司对面一家韩国人开的咖啡馆坐下来喝咖啡。威廉姆在谈论公司的远大前景，我的心中有些悲哀，因为这个未来将同我没有什么关系了。

我不得不告诉威廉姆，我要辞职了。这是当时我在生意上所做的最难的一个决定。

我很喜欢威廉姆这个人，而且很感谢他帮我取得的一系列成就。我很珍惜我们聚在一起探讨生意及市场战略的所有时光。我们在生意经营上可以互相启发，我从他身上学到了很多，也很珍视我们之间的友谊。

但毕竟现在，该是我前进的时候了。

我飞到墨尔本与安迪和黄力商量合作事宜。那时，澳帝集团只开了墨尔本一家公司，安迪和黄力各持股一半。

我们在著名的君悦酒店共进晚餐。据黄力讲，这是墨尔本唯一的一家五星半级酒店。美酒佳肴之后，我们步行到附近的索菲特大酒店的三十五层咖啡厅，开始谈判合作的具体条件。

和阮安迪、黄力与北京宾利车行董事长（2004年）

经过多番切磋和谈判，我们最后终于同意，由我负责创办澳帝悉尼分公司。安迪和黄力把墨尔本公司的三分之一股权转让给我，而我将把悉尼公司的三分之二股权给他俩。

相互握手和拥抱之后，我们正式成为平等的生意伙伴。

安迪说，他从来没敢想过，有朝一日会同他的导师，也就是我，成为生意伙伴。

黄力开玩笑地说，他似乎稀里糊涂地让出了三分之一的股权。

我说，我全凭信任和自信，放弃了一个岁入二百万澳元（一千二百万元人民币）以上的职位。我也非常高兴，我再次成了一位创业者。在一般人看来，我这样做有点儿过于冒险。

可在未来的日子里，我和安迪及黄力，共同创造出了一系列行业奇迹。

我于2002年8月开始，着手创建澳帝悉尼公司。我投入三十五万澳元的启动资金。我对安迪和黄力的信任程度近乎盲目，因为我毫不犹豫地放弃了一份绝大多数人会终生相守的肥差，而加入他们的生意。我没有查看公司的账目，甚至对公司的现金状况一无所知。我只知道我银行里有钱，而且下定决心把悉尼公司做成功。根据安迪和黄力介绍的公司销售业绩，我本以为，公司有足够的现金储备。他们的确有数百万款项将在交割时入账，但在加盟澳帝后我做的第一件事，就是借给墨尔本公司十三万澳元，以帮助其周转。我是带着完全的信任和信心，加入澳帝集团的。

在悉尼这个已经很成熟的地产市场创建新公司，是极具挑战性的。我告诉我的团队，包括从威廉姆公司追随我来澳帝集团的三位销售奇才——格兰特、托尼和爱丽丝，我们澳帝悉尼将成为这个行业的龙头。

我途经公司附近的商业区，看到正在午餐的白领时心想，你们或许都还不知道我呢，但不久的将来，你们都会向我购买投资房产的！

打开一份中文地产报，看到上面多如牛毛的地产公司广告，我不禁默默暗语：将来，我要超过你们所有人，成为第一名！

按照“从结果开始”原则，澳帝悉尼公司在开业的第一年，就销售了六百套投资房产，价值三亿澳元（十八亿元人民币）。进入第二年，墨尔本公司的营业额也达到两个亿。

我们为合作成功，举行了隆重的庆典。合作第一年，我们就售出五亿澳元（三十亿元人民币）的投资房产，创下了数项行业纪录。许多销售人员也因此获得了丰厚的收入。我们为墨尔本的员工购置了几辆宝马汽车，还为悉尼员工买了几辆奔驰。

圣诞前夕，公司还让全体员工及家人飞到澳州北部著名的度假胜地——阳光海岸，召开大型圣诞宴会，送出十万澳元现金、十几块劳力士手表、五十多支万宝龙笔。

黄力发短信感慨道：“约瑟夫，如果把公司的现金流比作血压，我们现在可是得了高血压了！”

那是房地产业令人振奋的时期。我们创下了澳洲市场上的几项纪录。4月底的一个晚上，我们仅用了一个多小时，就卖出了价值近七千万澳元（四亿两千万人民币）的一百三十套房子。

9月的一个下午，在短短的一百三十八分钟内，我们售出了价值一亿六千五百万（近十亿元人民币）的四百套公寓。当时的场面如同激烈的竞标战。我们采取了有步骤的销售方式。一共四百套房，七百八十人抢购。最后，只能采取抽签的办法。买主先写明他们希望购买的公寓数量。待名字抽出时，他们才可以选择具体户型。

那段时间，公司内部也有一些非常有趣的事。黄力不光是交易专家，还非常懂得如何激励我和安迪。他清楚，我俩都喜欢竞争，尤其是安迪，总想击败我这个师傅。

我们向开发商承诺卖出两百套公寓，但私下里，我们决定把四百套全部卖掉。安迪渴望他的墨尔本团队打败我的悉尼公司。

黄力知道，悉尼团队的实力更强。他对我说："安迪正在调兵遣将，矢志打败悉尼。"

这消息对我来说，是最大的动力。为确保开盘成功，我们三个人坐下来商讨战略。黄力建议我们三个人打个赌。黄力拿出四万，我和安迪一人三万，共十万。哪个团队销售量最高，就可赢得这十万澳元。除此之外，三位董事还拿出十万澳元，设五个奖，用来奖励前五名销售精英。第一名可获得五万澳元（三十万人民币），十分可观。

为了获胜，安迪调动墨尔本全体人员，包括行政人员，一起上阵。他们不遗余力，到全澳各地去寻找买主。而我的策略则是依靠悉尼的销售团队，鼓舞他们的士气。我希望他们多挣佣金。最有效的方法就是，调动我的五位销售领导的积极性。我对他们讲："墨尔本想打败悉尼，而我们悉尼必须赢！你们都没有劳力士表。等我们打败墨尔本，我送你们每人一块劳力士。"我同时也发动所有行政人员，由他们协助，保证售出的公寓尽快成交。

项目开盘那天，气氛令人难以置信。全部公寓都以押金形式预售出去，其中绝大部分都交换了合同。我们打赌的期限是三个月，最终

四世同堂（2005年）

悉尼公司胜出。虽然在项目开盘时，墨尔本公司的预售数量超过悉尼公司，但他们在期限内的成交量却落后悉尼公司。最后，悉尼以百分之一百三十的优势获胜。

就公司总体而言，在这个项目的销售上可谓大获全胜。开发商最后只能再推出新项目，以满足市场需求。全体员工都获得了丰厚的佣金。公司的营业额达到数亿澳元。

继墨尔本、悉尼之后，我们又陆续在布里斯班、奥克兰、北京、上海以及越南先后开设了分公司。

2004年，我邀请安迪和黄力一同到中国去看看。我们为四处崛起的高楼大厦而惊叹。从北京饭店的窗口望出去，林立的高楼一眼望不到边。在做房地产生意的人眼里，这是一幅神奇而令人陶醉的画面。离开上海的那一天，我们互相对视，不约而同地感慨道：这里新楼比比皆是，而我们居然还在袖手旁观。

于是，我们作出了进入中国市场的决定。当时的这一决定做得比较草率，尽管我们在北京和上海都造起了一些声势，但效果寥寥，销售额没能达到预期目标。其中部分原因是，中国的投资者还没有进军澳洲地产市场的心理准备。

时至2005年年末，地产市场渐趋冷却，利率也在悄悄上升。尽管我们的生意还保持在令人满意的水平，但由于我的主要精力放在了中国的分公司，同时也没有对变化了的市场做好应对准备，我们在澳洲和新西兰市场的业绩开始不断下滑。我开始认识到我们生意模式中的缺陷。与此同时，我与安迪和黄力的合作伙伴关系也逐渐出现裂痕。

作为生意伙伴，安迪和黄力都是难得的人选。我们相互信任、相互关怀。我们待对方如亲兄弟，彼此也都很赏识。我们之间从未因金钱而计较。我们三人在一起所取得的成就以及我们之间融洽的关系都使我感到，没有比作为他们生意伙伴更幸运的事了。我永远感谢他们给了我加盟他们生意的机会，感谢他们对我毫无保留的接受。时至今日，我们仍然是朋友，而且今后也会是朋友。

从2005年下半年起，我们三人开始对业务的发展方向产生了不同的看法。我认为，尽管我们的成绩可观，但我们生意的体制和经营方式更适用于繁荣的市场，而缺乏应对挑战的机制。我认为，应通过精选素质优秀、意志坚定的团队，以及建立更有效的体制和经营方式来扭转生意的局面。同时，我还希望制定更有效的市场战略。要完成以上目标，需要时间。

安迪和黄力对所面临的挑战的反应与我截然不同。他们还要继续扩展生意。我认为，在面对具有挑战性的生意环境时，我们应该集中全部精力、能力和资源，来巩固我们的主要生意。我主张重点抓利润率及保障员工和销售队伍的收益。

虽然我仍珍视与两位合作伙伴的关系，我渐渐感觉到，在澳帝，很难实现营造一个十亿澳元的生意目标。此时，我也不断地问自己：

我是否判断有误？会不会因为我，而令安迪和黄力不得不放慢脚步？

答案似乎只有一个：我只有自己从头来过。

决定离开我的合作伙伴是一件很痛苦的事，但我不得不这样做。

我邀请安迪和黄力到君悦酒店共进晚餐。三年半前，也正是在这里，我们开始了我们之间的合作伙伴关系。

安迪对我说："约瑟夫，你究竟想跟我们谈什么？你让我感到紧张！"

我打开一瓶上好的红酒，然后对他们说："我想感谢你们两位对我毫无保留的接纳。我们的的确确干出了一番成绩。我们都有极大的收获，公司上下也都硕果累累。但是，我现在想中止我们之间的合作伙伴关系。我不想批评我们共同创建的公司，我只想开始独立干一番事业。"

借着酒精的作用，黄力发表了一些激烈的言辞。但我明白，那未必是他的本意。安迪则始终保持沉默。

但是，我的决心没有动摇。我说，我们每个人都有权利按照自己的思路，经营一番事业。

最后，我们还是友好地结束了我们之间的合作关系。我离开了一个实力雄厚的组合，把未来及希望寄予我自己和悉尼公司的全体同仁。

自2006年7月1日起，我成为悉尼公司完全和唯一的股东。作为交换条件，我放弃了澳帝旗下所有其他公司的股份。

我们要为新公司设计一个新的名字，锁定一个新的目标。当我向全体员工宣布，悉尼公司已正式脱离澳帝集团时，大家都感到非常兴奋。

> 使我兴奋不已的是，我终于开创了一片自己的天地。我周围聚拢了一批难得的人才，有些人从未来集团追随我至今。

事实上，许多人对此早有预感。我为同事们毫不犹豫的支持态度所感动。有的人甚至对我说："约瑟夫，今后你走到哪儿，我就跟到哪儿。哪怕是搬到你家车库办公，也无所谓！"

回顾在澳帝的时光，我既有感激，又有骄傲。但使我兴奋不已的是，我终于开创了一片自己的天地。我周围聚拢了一批难得的人才，有些人从未来集团追随我至今。

就这样，亚太集团（Ironfish）诞生了。为公司起名，我们花了很大功夫。因为这个名字要能体现公司的所有价值观。“Iron”，即“铁”，体现了公司致力于客户长期效益的坚实基础；“Fish”，即“鱼”，在东方文化中代表着好运和富庶。这是一种刚柔的结合，阴阳的搭配。加在一起，它们体现了投资过程中的一种平衡及和谐。公司中文名字为“亚太集团”，代表企业发展远景。

从一开始，我就对大家说：“现在，我们自己干了。我们没有不成功的借口了。”

接下来，我邀请格兰特·莱恩（Grant Ryan）和苏珊·安德森（Susanne Anderson）出任公司的董事。

格兰特在未来集团时期，就跟着我在干。他从销售开始，逐渐晋升到营销经理，后又进入公司管理层。他现在已经成为我们生意中的一员大将。

我初次结识苏珊时，她还是未来集团一名物业管理员。我加盟澳帝时，她开始跟着我干。以后，逐渐由办公室经理晋升为一名公司经理。她现在也是公司的一员干将。

> 我们最基础的价值观包括：激发人们的梦想；与客户建立长久的关系；帮助他们获得成功并进而实现财务自由。

他俩都具有正直、忠诚，办事巨细无遗和能够通盘考虑问题的可贵品质。我深知，他们与我过去的成绩是分不开的，而且对于我们未来的成功至关重要。他们身上还有一种令我欣赏的品质，那就是他们敢说我需要听的话，而不是只说我喜欢听的话。他们在许多方面能力都要超过我。我很欣慰他们能进入公司的决策层，和我一起实现把亚太集团建成亿万价值公司的梦想。

我们在一幅洁白的画卷上开始绘制我们事业的新蓝图。我们最基础的价值观包括：激发人们的梦想；与客户建立长久的关系；帮助他们获得成功并进而实现经济上的自由。我们为客户提供高回报的产品及高质量的服务。

我们的员工来自多种不同的文化背景，因而能够针对客户的特殊需要提供恰当的服务。同时，我们遵循严格的职业操守，无论在业务中还是私下里，与客户打交道时都保持极高的透明度。我们拥有一支高素质的团队以及多年丰富的经验。不仅如此，我们还有帮助投资者实现拥有价值近二十亿澳元（一百二十亿元人民币）的投资物业的纪录。

我的目标是，将亚太集团建成一个价值百亿的公司。我认为，我们不适合效仿Mirvac等开发公司的模式，我也不想成为第二个未来集团或澳帝，我更不想成为又一个Ray White或McGrath式的连锁房地产中介公司，我想开创一份独具特色的事业。我坚信，我们可以另辟蹊径，并且能做得更成功。

和我的玛莎拉蒂（2012年）

## 亚太集团的故事
# 盯上玛莎拉蒂

许多人都想买一幢完美的房子。什么样的房子才称得上完美呢？那应该是一套拥有悉尼歌剧院和港湾全景的豪华公寓，三室两厅，既大又豪华，现代设备样样俱全，价钱不超过十万澳元。买这样一套房子的最佳时间是三十年以前。

前面的话听起来似乎有些耸人听闻。可事实上，人间没有完美的房子。在澳洲，有许多地产投资者每到周六，会到处去看房子，或在网上花无数个小时搜寻，以为这样就能找到世间最最完美无缺的房子了。而真正精明的投资者则懂得行动迅速的重要性，买下房子后，让时间为自己赚钱。这是因为，地产投资的真谛就是时间，而且要较长的时间。

我在地产投资讲座上经常说，地产投资的最短周期要七年。而我的犹太裔朋友，澳洲最大的开发商、亿万富翁哈利却告诉我：在犹太人的眼里，地产投资是个二十年的生意。

现代人往往喜欢急功近利、立竿见影。这对于致富是行不通的。人要想达到富有，必须先要学会富有者的思维方式，即百万富翁思维方式（Millionaire Mentality），那就是长线。

亚太集团的投资模式就是，帮助投资者先了解致富理念，然后把地产投资变成一个轻松愉快的过程。我们的方法是：帮助投资者克服惰性，改变思维，用行动克服恐惧；帮助他们增加收入，并长期提供精神支持，使他们能够积累并保留住相当数量的房产。毕竟，衡量一个人是否富有的标准是，看他的名下有多少资产。《穷爸爸，富爸爸》的作者罗伯特·清崎（Robert Kiyosaki）曾说过，一个人的自住房不能

和墨尔本分公司成员在三周年纪念会上（2009年）

算作资产，因为它并不能给房主带来任何收入。世界上的富人财产组合一般都是这样的，即他们的自住房只占其所拥有全部财产的百分之十以下。而普通人的财产组合正相反，即他们的自住房几乎占其全部身价的百分之九十九以上，甚至全部。

亚太集团的投资系统就是帮助客户在十年当中，积累价值二百万到五百万澳元（一千二百万至三千万元人民币）的投资房产。这样，他们就可以提早进入人生的“精神自由”境界，亦即“财务自由”境界。

> 清晨醒来时，再也不用去为生计而工作，而可以花全部的时间、精力去做自己喜欢做的事情，或追求自己孩提时的梦想，或致力于慈善事业。

当你在清晨醒来时，再也不用去为生计而工作，而可以花全部的时间、精力去做自己喜欢做的事情，或追求自己孩提时的梦想，或致力于慈善事业。生活中大多数人辛劳一辈子，挣的钱仅够自己花。而其他一些人，如世界首富比尔·盖茨，在很年轻的时候就积累了巨大的财富。除了足够自己和家人花几辈子之外，还能拿出数百亿美金以及自己的时间、精力，去帮助第三世界国家消除传染病和发展、普及教育，尽享人生最大的乐趣，即乐善好施。

因此，我对亚太集团的服务平台非常满意。我们真正帮助普通人实现财务自由。根据澳大利亚国家统计局的数字，澳洲退休人群中只有百分之一每年收入达到四万澳元以上。绝大部分退休人士收入甚微，或依靠政府救济，或靠亲人帮衬。很多退休者停止工作后，突然发现手里有大量时间，却苦于没钱去过有意义的生活。有些人根本就不敢出门，因为一出门就可能要花钱。因此，在辛劳了一辈子之后，既没钱到各式餐馆享受美味佳肴，更没钱到世界各地去游历观光。

随着科学和医学的发展，人类寿命越来越长。人们退休后还可以活很多年。据预测，2006年出生的人平均寿命是九十岁。现实中，很多人都没有好好地计划和安排退休后的生活。此外，没有规定人非要等到六十或六十五岁才能退休。在西方，退休的概念已同年龄没有必然关系了，而是与财政状况有直接联系。如今的年轻人如果从二十二岁开始工作，通过努力赚钱和投资，可以在三十五岁之前就把钱的问题彻底解决。三十五岁以后，可以完全按照自己喜欢的方式去生活，去追求曾有过的梦想，比如当歌星，跳舞，拍电影，当画家、作家，学摄影，周游世界，打高尔夫球等。

在过去十几年中，我读了上百本成功人士的传记或他们所著的成功书籍，也做了大量的创业与投资实践。我得出的结论是，一个人要想取得财务上的成功，需要做两件事：既要挣钱，又要投资。我把它总结成“左右手平衡理论”，即左手挣钱，右手致富。

所谓左手，即通过自己的劳动所创造的现金流。这一点并不难做到。只要有份工作，不论是体力劳动还是脑力劳动，不论是给别人打工，还是自己做生意，大部分人或多或少都能挣些钱。可“左手挣钱”理论的关键是“极大值”，也就是尽可能多挣些钱。比如说在工作岗位上快速晋升，找一份收入更高的工作或者把生意做大。

人们只要有份工作，都能挣些钱，可绝大部分人不知道如何挣很多钱，因为没有地方去学如何挣钱。传统教育制度只是教学生如何凭自己的文凭和知识去找一份工作，然后按社会所规定的标准去挣一份工资，取得谋生的权利。

在澳大利亚，绝大部分人的年收入基本被限定在三万至三十万澳元（十八万至一百八十万元人民币）之间。其中多数人的年收入更被限定在十万澳元以内。少数人通过加倍努力，或者靠悟性，能够找出赚更多钱的方法。但大多数人除了谋生，并不知道如何极大地增加自己的收入。

这其中的奥妙是可以学的。但跟什么人学很关键。中国人讲，“近朱者赤”。因此，要想挣很多钱，必须同已经挣了很多钱的人交朋友。我指的是那些通过自己的智慧和努力挣到钱的人。虽说改革开放之初，一些挣了大钱的人可能是通过走私、拉关系、拿批条等做到的，在日后的中国，这种情况将会越来越少。

一个人要想赚很多钱，必须靠自己的勤劳、智慧，同时必须为社会创造出价值。

一个人要想赚很多钱，必须靠自己的勤劳、智慧，同时必须为社会创造出价值。一个企业家和创业家就是在有了创业的想法之后，在社会上发现某种需求，然后通过努力奋斗，克服挑战，用自己的产品或服务去满足这种需求。在给社会和他人创造价值的同时，给自己创造巨大的收入与财富。如今的社会，为每个人提供了创造财富和实现梦想的前所未有的良机！

所谓“右手致富”，就是在“左手挣钱”的同时，拿出百分之十至百分之二十的收入去购买“资产”。

所谓资产，就是既能升值，又能给自己带来收入的东西，如房地产和股票。在购买资产方面，有两种做法：一种是投资，另一种是投机。我们所讲的致富，是通过投资实现的。投资是长线，投机是短

和边兰与珀斯分公司职员（2011年）

线。投资者可以实现富有，投机者容易蚀本。在某种意义上，投机仍是"左手"行为，靠买低卖高，短时间内创造的利润应该也算是一种收入。长线投资的关键则在于，买下高质量资产（最好是借助银行的帮助），只买不卖，长期拥有，将来靠房租和股票红利生活。世界各国的富人大多是这样生活的，即把他们的钱多投放在地产、股票及部分现金投资当中。

在投资方面，地产投资应是最好的基石。既然投资的目的是有朝一日，我们可以不用亲力亲为，完全靠资产带来的回报生活，那么，在投资过程中极为关键的一点就是不能蚀本。

历史上，几乎没有人在房地产投资方面蚀本。从长远看，房地产会随着时间的推移而不断增值。因为地球上的可居住土地是有限的，而人口却在无休止地增加。

股票就不一样了。不管是什么股票，哪怕是大公司的蓝筹股，一旦公司倒闭了，股票的价值就会变成零。也就是说，你投在那只股票上的钱就没有了，血本无归了。

当然，有些股票长期走势好，也有可观的分红。只是从投资角度来说，应先买下一些房地产，然后再去投资股票。这样，即使哪一只股票出现问题，你将来的经济保障可以靠你的房产。

2007年，我用自己的退休基金买了一些蓝筹股。但是2008年全球股灾出现后，有两家金融公司倒闭。我所持有的这两家公司的股票的股值变为零。也就是说，我那部分钱蒸发了！庆幸的是，我的绝大部分资产投在房产和我的公司里，因而股票上的损失没有大碍。所以说，投在股票上的钱应该是输得起的钱。

进入地产市场的时间是越早越好。地产投资其实很简单。但它也是一种游戏，要想赢，须先了解和掌握游戏规则。这个游戏是由房产、现金流和时间组成的。

> 地产投资这个游戏是：用银行的钱买房子，用自己的钱买时间，用时间来致富。而在这一过程中，买时间至关重要，因为资本升值是靠时间来实现的。

由于购买投资房产可以向银行借贷，又可将房子出租，收租金，地产投资的游戏是：用银行的钱买房子，用自己的钱买时间，用时间来致富。而在这一过程中，买时间至关重要，因为资本升值是靠时间来实现的。曾有多少人后悔五年、十年前没能多买几套房子，哪怕只买在悉尼中等地区，比如Burwood、Leichhardt和Campsie，或北京、上海等地离市中心较近的一些楼盘。如果当时买下了这样一些房子，在过去五至十年中，它们会给我们带来多少财富啊！

有些人不是有条件，但由于知识不足或没有胆量，而错过了机会。有人对我说："周先生，您多幸运呵！您十年前就起步了。现在房价这么高，经济又不好，我怎么可能买房呢？"

我对他们说，我刚开始投资时，房价比现在低多了，利率也不高，可照样有很多人找各种借口而没有买投资房。

为什么会这样？论起来，恐惧在其中起了很大作用。人们怕买错

在江诗丹顿（手表品牌）总裁晚宴上（2007年）

了，害怕对未来作一种长期承诺。其实，房地产是一种极有宽容性的投资。只要给它时间，它会给我们带来很可观的回报。

澳大利亚虽然只有两千二百万人口，但百分之八十居住在五大首府城市方圆几十公里的地域之内。澳洲人是个大都市民族，只有少数人居住在乡下。离开首府城市和周边的卫星城，就是广阔的牧场和森林，极少人居住。而在人们居住的大都市里，可建地极有限，房源紧缺，加之通货膨胀，房价地价越涨越高。

目前，悉尼房子的中价位约为五十六万澳元（合人民币三百三十六万元左右）。人们觉得，价位太高了！而1991年我刚到悉尼时，这里的房子的中价位只有十八万澳元（一百零八万元人民币）。当时，人们也认为房价太高了。1960年，悉尼的平均房价才八千澳元（四万八千元人民币）。可这对当时的人来说，也很贵。

买地建房的成本越来越高，房价也就不断上升。虽说澳洲的移民配额在连年增长之后于2009年略减，可每年还是有十六万左右的海外移民以及数十万州际移民进入各大主要城市。农村人口也在不断流

与墨尔本分公司总经理边兰（2010年）

入城市。这些移动人口的居住地多为各大首府城市的大都市地区。悉尼、墨尔本、布里斯班、珀斯、阿德莱德都吸引了众多新移民定居。

此外，澳洲在亚太地区的邻国随着经济的发展日趋富有，不少人在澳洲寻求物业投资机会。据有关部门预测，按照目前的发展速度，在未来若干年中，每年将会有过百万的中国游客到访澳大利亚和新西兰。他们当中，会有许多人在某一时刻选择投资澳洲物业。再有就是中国、印度等国留学生中，也有不少在本地置业安家的。这一切因素都导致了澳洲房价上涨。

有关在澳洲投资房产的书比比皆是，也有不少公司到中国去推广在澳购房业务。不少人把房产投资描绘得很复杂、很神秘。事实上，地产投资一点儿都不复杂，致富也不神秘。

澳大利亚地产业有一百多年可记载的历史。五大首府城市的房价平均每七至十年翻一倍。在澳洲，最简单的致富方法就是，买下四套以上投资房产，等待十年以上，就可以成为百万富翁。可问题是，十年是一个漫长的过程，其间会有各种挑战。因此，投资者需要帮助。大多数投资者把眼光局限在选房、论价或捡便宜上，而忽略了这十年进程的本身。如果没有相宜的环境，许多投资者缺乏耐心和毅力，容易过早放弃目标，或为眼前利益而过早将房子卖掉。

最简单的致富方法就是，买下四套以上投资房产，等待十年以上，就可以成为百万富翁。可问题时，十年是一个漫长的过程，其间会有各种挑战。因此，投资者需要帮助。大多数投资者把眼光局限在选房、论价或捡便宜上，而忽略了这十年进程的本身。

很多人劳碌一生。由于不知道如何致富，到老时，除了些许存款或领取养老金，拥有一套自住房，就没有什么资产了，更无从想象以劳斯莱斯代步的境界。还有一种选择就是努力工作，极大地提高收入，多为社会作贡献。同时，学会投资，用钱赚钱，使自己和家人变得非常富有。

一般人需要购买四到十套投资房产。这些房产在十年后，可以给

和Burwood分公司总经理陆凌雪（左）及珀斯分公司总经理秦晖（右）（2010年）

他们带来二百万至五百万澳元的净资产。按保守计算，以百分之五的房租回报，他们每年的房租收入约为十万至二十五万澳元（五十六万至一百五十万元人民币）。对绝大多数人来说，这样的收入可以给他们带来一种舒适的退休生活。全世界许多国家的房产史都证明了房产十年翻番的格局。

投资进程中的挑战是现金流。投资者可以用房租和自己贴补的钱来买时间，但同时，还要克服房产周期带来的价格调整、经济形势及个人工作生活状况的变化。比如说，有的人可能会出现健康问题，还有些夫妻可能会离异。关于价格方面，在各个房产周期变更当中，基本上是大升小降。除个别市场外，房产价格很少像股票那样大起大落。

虽然投资者众多，但真正实现投资成功的人却只是少数。其中的原因包括，现金流断链。如果你拥有几套投资房，若因为收入出现问题或利率长得过高、付不起银行贷款，怎么办？若真出现这种状况，可以考虑卖掉一两套房子来渡过难关。人生中有时需要往后退一步，再向前走三步。但最好不要把房子全卖掉，退回到零。

有一位听我讲座的中国女士，给我讲了她的故事。她从1998年开始买投资房。当时买了三套期房。那时，正值悉尼上一个地产周期刚开始，三套房子都给她赚钱了。到了2003年，悉尼地产继2000年奥运会之后，狂涨了三年。她一兴奋，又连续买下四套房。可惜2003年后悉尼地产进入两个周期之间的调整期，房价下滑了近百分之十，同时利率开始上升。这位女士变得非常紧张，担心无法应付银行贷款。当时她经营一家小型超市，现金流足以支付贷款。可由于承受不了心理压力，周围朋友又都劝她放弃，到2006年，她将七套房子全部卖掉了。在五十二岁年龄的她又退回到了零点。我问她："将来你靠什么养老？靠儿子？"她回答说："儿子靠不上！"我又问："靠政府？"她说："谁要靠政府啊？""那你靠谁？""还是靠自己呗！我再重新开始。"

如果当时她周围有个支持鼓励的环境，或有亚太集团的投资顾问为她服务，她就不至于归零了。她可能只需卖一套，甚至一套房也不用卖。由于心理上的压力，使她白白浪费了好几年的时间，丢掉了七套房子的升值机会。

在收入方面也一样。亚太集团经常鼓励客户在投资的同时，要想办法提高收入。很多人的收入增加到一定程度就会停滞。他们自己虽然并不满足，但"当局者迷"，面对收入上的瓶颈一筹莫展。时间久了，无论是工薪阶层还是经营生意的人，对提高收入渐渐失去了信心，甚至陷入了"不可能"思维。

很多人找工作时遵循的原则就是，找一份"社会"通常认为的好工作。既能有成就感，又能兼顾工作和生活之间的平衡，收入只要差不多就行了。

> 我是先在收入的数目上定下目标，然后选择合适的工作或生意，去实现这个目标。不论工作高低贵贱，只要它是合法的，又能给终端客户带来价值。

我的做法正相反。我是先在收入的数目上定下目标，然后选择合适的工作或生意，去实现这个目标。不论工作高低贵贱，只要它是合法的，又能给终端客户带来价值，并能让我实现收入目标，那对我来讲，这个工作在现阶段就是最好的工作。刚到澳洲时，我的想法是，只要是合法且合情合理的事，哪怕要我去挖沟或是上钻井架，只要能挣百万澳元，我也会心甘情愿地去做。如果你做的工作不能给你带来足够的收入去买自己想要的东西，那为什么还要做这份工作呢？

> 跟过去不同的是，如今社会对一个人工作的评价已经不取决于他所供职的单位或行业了，而是看他在所选择的行业中干得如何。

如果你不在乎钱，我可以理解。跟过去不同的是，如今社会对一个人工作的评价已经不取决于他所供职的单位或行业了，而是看他在所选择的行业中干得如何。2009年澳洲的新首富安东尼·普拉特（Anthony Pratt）就是废纸大王。

不论从事哪个行业，做什么工作，只要你是出类拔萃的，顶尖的，社会都会向你致敬。

世界上绝大多数人忙碌一辈子，挣的钱勉强够自己用；一些人不得不依靠社会或政府救济。而少数像比尔·盖茨（Bill Gates）这样的人，他们通过自己的事业，在为社会创造了巨大价值的同时，也为自己带来了巨大的财富。他们可以拿出大量金钱去帮助世界上需要帮助的人们。

在追求成功的进程中，定位很重要。在亚太成功学院里，我们帮助学员给自己的人生重新定位，设立奋斗目标，并制定计划去实现目标。在这一变化过程中，一个人的成功欲非常重要。如果要求不高，一般人都能过得去。可成功的秘密何在？有人说你需要创新思维、人际交流技巧和对人生可能性的坚信。但我认为，如果没有极强烈的成功欲望，以上几点亦不能发挥出最佳效果。此外，还需要辛勤工作。特别是在从低收入向高收入转变的过程中，要比平时更辛苦地工作。西方人讲，“朝九晚五挣小钱，晚五晚九挣大钱”，就是这个意思。

亚太成功学院的宗旨就是，帮助工薪阶层成为“打工皇帝”或成为生意人，帮助小生意人把生意做大。一般来说，我们先帮助工薪阶层人士在原来的工作岗位上将收入提高，并尽快达到极大值。如果本职工作没有什么发展空间，我们就鼓励他利用晚五至晚九及周末，来开辟第二收入。这第二份收入必须有较大的提升空间，可以大大超过第一收入。

人们来听我的房产投资讲座时，常会说：“周先生，我年薪只有六万澳元，我可买不起四套投资房。”

我说：“你应该这样问我，‘周先生，我想买四套房子。我怎么才能做到呢？’”

钱是社会对一个人在生活中所起的作用、所处的地位及对社会所作的贡献的一种承认。有的人通过踢足球体现价值，而得到社会极大的承认。有些艺人或模特因为相貌或身材出众，而获得社会承认。而我们大多数人则需要靠自己在其他方面的努力，来得到某种承认。

我有一位姓姚的客户，曾在悉尼一家电器行Bing Lee做了八年销售，最高年收入十万澳元（六十万元人民币）。八年当中，他无论如何努力，都冲不过十万的收入关卡。2001年，他辞工，加入了我的地产销售团队。我问他，需要一年挣多少钱才不枉辞掉原来的工作。他说，希望能挣二十二万五千万澳元（一百三十五万元人民币）。

结果十二个月之后，他挣了三十三万五千澳元（二百零一万元人民币）！在此之前，他也尝试过各种方法来提高收入，但都没有什么结果。可当他改变了环境，改变了自己的思维方式之后，收入在一年之内提高了好几倍。为什么呢？他并没有比以前更辛苦，也没有再去读个学位，只是换了个环境，换了一个挣钱的渠道。他原有的知识和技能在不同的情形下得到了更好的运用。

因此，当我们选择工作或生意时，先要看看它是个多大的机会。就跟做游戏一样，要先看看游戏的规模。如果规模不够大，即便你赢了，你也达不到较高的收入目标。这时，你就要扩大游戏规模或改换其他游戏，从而获得最佳结果。

> 选择工作或生意时，先要看看它是个多大的机会。就跟做游戏一样，要先看看游戏的规模。如果规模不够大，即便你赢了，你也达不到较高的收入目标。

你可能是某一行业或领域的精英，但如果这个行业或职位只能给你带来十万年薪，那你如何实现百万收入呢？你又如何能挣两千万呢？如果你是一名会计，年薪七万，那你怎么能一年挣到三十万呢？你是排队等很多年呢？还是换份工作或在现有工作之余，开辟第二收入？一种选择是去找老板请求加薪。答案肯定是“不可能”。你也可以另谋高就，去找一份年薪三十万的工作，或者在七万年薪的工作之余，再设法多赚二十三万。如果你经营一家便利店，如何从一年十万收入增加至五十万？如果你的便利店的地点和规模只能给你带来十万的年收入，要想挣五十万，你或者经营五家岁入十万的便利店，或把现有的生意扩大五倍。如果经营便利店不能给你赚到你想赚的钱，你也可以改做其他生意。可大多数人不这么想。

自从移民澳洲，我始终把注意力集中在下一个目标上。每当实现一个收入目标，而当时的工作或行业又不能让我实现下一个目标时，我就会毫不犹豫地转行。有些人也换工作或改做不同生意，可他们只是在同一水平上变化。到头来，结果还是一样。这种变化不值。要变，就要去争取实现更高的目标。

很多人不喜欢改变，害怕变化。其实，变化是人类进步的推动力。

> 永远不要因为自己暂时领先而飘飘然，也不要因为自己暂时落后而自暴自弃。因为今天的领先不等于明天的领先。

记得在北大时，我仔细阅读了马克思的辩证法。当时，我的理解就是，一切都是可以改变的。因而，我得出了一个结论：永远不要因为自己暂时领先而飘飘然，也不要因为自己暂时落后而自暴自弃。因为今天的领先不等于明天的领先。反之亦然。这可能也就是中国老话说的，“三十年河东，三十年河西”吧。

可以庆幸的是，我永远拥抱变化。大部分人习惯于回避变化。他们在听了我的讲座之后，也会热血沸腾，对未来产生无限的憧憬。可一回到家，就又回到了原来的自我当中。不敢向旧的信念告别，就无法去拥抱新的未来，也就无法进入更高的境界。

我经常会给我们的地产投资客户支两招。一见面，他们马上就问我：“我要怎样，才能挣更多的钱？”

我说：“先别急着问如何挣钱。咱们先克服一下心理障碍！”我们应该先从思想上解除禁锢，看到收入提高的各种可能之后，再根据个人的经历、专业背景和知识、技能，来制定一套行动计划。

我们所拥有的一切结果，都是由我们的想法决定的。因为想法决定做法，做法决定结果。很多人在长时间内生活没有什么变化，那是因为他们一直没有改变自己的想法。当你的想法改变时，你的生活就会出现真正的变化。

1991年1月，当我在悉尼送比萨饼、一小时挣七澳元时，我定下了一年挣一百万澳元的目标。如果当时跟人说起我的想法，他们会笑话我。我用了十年，才实现了百万年薪的目标，但我做到了。如果能早点儿找到一位导师，我可能会少走五年的弯路。

目标一旦设定，你若是认真的，就要想方设法去实现。只要是你能想到而又坚信的事情，就一定能做到！

> 挣大钱和挣小钱花的时间和精力是一样的。要挣多少钱，是由你自己来定的。如果你自己不定，别人就要给你定了。在如今的时代，挣多少钱应是每个人的自由选择。千万不要放弃这个自由权利。

说不喜欢钱的人，一方面是不懂得钱，另一方面是在为自己挣不到钱找借口。挣大钱和挣小钱花的时间和精力是一样的。要挣多少钱，是由你自己来定的。如果你自己不定，别人就要给你定了。在如今的时代，挣多少钱应是每个人的自由选择。千万不要放弃这个自由权利！

一旦收入提高了，你就可以开始玩房产投资这个游戏，并成为赢家。你有钱，银行才愿意借钱给你来买房产，你才能付得起银行利息来买时间。到了一定时间，房产升值乃至翻倍，就将你推入富人的行列。

也有不少投资者缺乏明确的投资目标，随意性和偶然性较强。比如说，看朋友买了一套房，他也想买一套。在路上碰到一个楼盘正在热卖中，进去看看，结果就买下两套。也有一些人士随大流。

目前，中国很多房产投资者仍抱有炒作的心理和投机心态。其实，房产是一种中长线投资。随着需求量的极大增加，可建地的迅速消失，在十至十五年中，房产会给人带来巨大的财富。有人把房产比喻成一只会给你下金蛋的鹅，千万不能杀掉！一旦你把房产过早出手，尽管你也会赚一些钱，可下家会挣更多的钱。在我看来，房产投资只有一个目的——帮助人们实现财务自由。

世界上有关房产投资的系统和方法五花八门，各家有各家的高招。其中不乏四两拨千斤、空手套白狼，利用房产投机、一夜之间暴富的窍门。可这些方法仅适用于极少数人。过去十年中，亚太集团一直在推广的是一个适用于大多数投资者的系统。毕竟，人性的两大弱点——恐惧与懒惰，令大多数人只想不做。

我再重复一遍，我们的方法就是，辅导客户利用银行贷款，买下四至十套优质投资房，在手里留十年左右，然后就可能跻身于百万富翁甚至千万富翁的行列。我们虽不能百分之百为你打保票，但你的机会很大。许多人都这样做到了。如果你不懂得如何买下这些房产，买在哪儿或如何能长期留住这些房产，那就拜个师傅。找什么人做师傅？只能找那些已成功做到的人。

在投资过程中，很多人把人之常情抛在了脑后。他们花太多时间上网搜寻或到售楼处去看房子，一心想捡便宜，以为这样就占了优势。

其实，在很多情况下，所谓的便宜或优惠都未必是真的。即使是真的，也只是一次性的。

> 我们更强调培养一个人的“富人心态”。富人的心态使一个人不把眼光局限于一次性的优惠或短期效益上，而是学会制定一个致富战略和实践方法，用人之常情去从事房产投资。

我们更强调培养一个人的“富人心态”。富人心态使一个人不把眼光局限于一次性的优惠或短期效益上，而是学会制定一个致富战略和实践方法，用人之常情去从事房产投资。这样，你就会发现，房产投资其实是一种简单易做的游戏。

在房产投资中，选房固然重要，但投资者往往过于感情用事。虽说房子是供人居住的，但每个人对房子的喜好有所不同。如何选择投资房产呢？运用“从结果开始”的原则，决定买房前，一定要先想到下家儿。要问自己，如果我现在花五十万买下这套房子，十年之后，别人会不会花一百万来买它，或花双倍的租金来租它？这些人是何许人？十年后，能买得起这套房子的人为什么要付双倍的价钱来买它？这座房子和它所处的地点为什么会吸引这样的买家？

这些年，我买了许多房子，有时一年就买十套。如果要到网上或现场去看房，我既没有这个时间，也没有这个兴趣。

投资房产同自住房不一样。买投资房要用脑子，买自住房要用心。周末和夫人孩子一起去选一套自住房，我很愿意。可投资房产是生意，我是这个生意的老板。生意的具体操作可以借力，许多方面都可以利用专业人士的时间和知识。

投资过程中，有四种专业人才是必不可少的，而且他们会免费或廉价为你打工。第一，地产投资顾问。用他们的时间和知识帮你在市场上寻找最佳房源。第二，贷款经纪。由他们帮你在各个银行中找到最佳信贷产品，帮你办理贷款手续。最好是上门服务，以节省你的时间。第三，律师。由他们帮你办理房产过户手续，并在签购房合同前在法律方面为你把关。第四，会计。由他们在税务上帮助你争取最大利益。在澳大利亚和新西兰购买投资房产，可享受退税方面的政策优惠。

我在生意上会花很多时间，余下的时间，我更愿意和家人一起度过，或满足自己的其他爱好。很多地产投资者在选房、看房上花太多时间，实在可惜。要学会借力，让别人帮你跑腿儿。人最宝贵的东西就是时间，因为生命是由时间组成的。我更愿意花时间去扩大自己的生意或与家人一起享受亲情。

人最宝贵的东西就是时间，因为生命是由时间组成的。我更愿意花时间去扩大自己的生意或与家人一起享受亲情。

几年前，我遇到一位大陆移民徐明先生。他在澳洲获得MBA（工商管理硕士），然后在一家全球五百强公司供职。在听了我的房产投资讲座之后，他跟我们买了一套投资房。在此之前，他听了不少讲座，也读了一些相关书籍。尽管其中所讲的房产投资理念都不错，但缺乏操控性，都不够实用。他在我们的建议和帮助下，购入了自己的第一套投资房。他之所以这样做，是因为他认为，我们讲的不仅有道理，而且实用。可买下第一套房之后，他认为自己懂得投资了，而且也有了实践经验，再也不需要专业人士的帮助了。当时他拥有一套自住房，一套投资房，有工商管理硕士学位，又在世界五百强工作，应该说没什么自己做不了的事。虽然他经常到亚洲各国出差，可在澳洲时，他就每周末出去看房。他曾经在一个月里看过近百套房。2000至2004年是悉尼房地产在奥运会后狂涨的时期，而徐先生看了数百套房。猜猜他一共买下多少间？他一套都没买！为什么呢？也许价钱不合适；也许工作太忙，没能和卖家或中介及时联系；或者拿不定主意，他可能因恐惧当断不断。在悉尼上个地产周期升值最快的阶段，他竟然一套投资房都没买。2004年底，他又来听我的讲座。在比较了各自的结果之后，他意识到自己的路子走错了。因此，他决定放下架子，虚心听取我们的建议，并在我们的带领下继续投资。从那以后，由于思想意识的改变，他不光建立起一个价值数百万澳元的地产投资组合，而且还使自己的年收入翻倍，并买下了一辆E系奔驰汽车。

2004年初，当悉尼房地产市场降温时，我们一边在悉尼寻找一些仍有升值潜力的投资机会，一边把客户带到了比悉尼地产升值周期慢半个节拍的布里斯班、黄金海岸、墨尔本及南阿德莱德。徐先生最近告诉我，在过去的七八年中，他的房产投资组合给他带来一百四十万澳元（八百四十万元人民币）的增值，使他跨入了地产百万富翁的行列。而1990年徐先生刚来悉尼的时候，兜里只有一百五十美元。他的成功是澳洲华人的骄傲。

要想让自己的房地产投资能在十年中价值翻番，首先，我们要想到十年后的买家是谁。

要想让自己的房地产投资能在十年中价值翻番，首先，我们要想到十年后的买家是谁。在此，我们仍使用“从结果开始”的原则。根据我们的研究，十年之后，能出得起双倍甚至更高价钱的买家主要是三种人。

第一种人是1946至1964年间出生的人。西方称他们为婴儿高峰期或空巢穴人。他们是澳洲的中产阶层。早年在郊区买下别墅，生儿育女，事业有成。如今孩子大了，搬出去自己住了。而他们已接近或达到退休年龄，不再需要大房子了。这些人将陆续搬家。据说，他们当中的百分之三十会搬到沿岸地区，余下的百分之七十将搬到有便利的生活设施的地区。他们可能将大别墅换成小别墅，或搬入近城、近水、近生活设施的公寓或复式洋房。他们不再愿意把周末花在收拾草坪、花园上。外出旅游时不用再找人看房子。住在配有保安或其他安全设施的公寓里，不仅平时安全，外出度假时，只要一锁门，就万事大吉了。

我们的好朋友、澳洲著名爵士乐音乐家格雷姆·贝尔夫妇就把位于悉尼东区海边的别墅卖掉，搬入靠海一幢豪华公寓。我在查茨伍德区买的房子的前主人就在近悉尼市中心一个高尚社区——北桥买下一套两居的豪华公寓。这类买主的侧重点是方便、安全，并靠近各种生活设施，如商店、餐馆、公园、咖啡店等。

第二种人是80年代、90年代初出生的新贵。这批在西方被称作Y族的年轻人在思维方式上与父辈截然不同。他们更注重居住地点的舒适与方便，更愿意住在城里或城边。当要在空间与地点二者取一时，他们多选择地点的方便。宁愿牺牲一些空间，也不愿住得离城太远。他们把钱都花在心之所向的地方了，如最新款的手机、名款手包、时装，等等。一有闲时，就在网上同朋友聊天或探讨成为下一个雅虎、百度、谷歌或“阿里巴巴”的商机。

第三种人为富足的海外移民，特别是来自中国和印度的移民。他们多习惯于住高档公寓。他们移民澳洲时带了不少钱，更喜欢住在人口相对密集的城市里或城边。他们喜欢热闹，善交友，乐于体验各种生活情趣。

如果在澳大利亚买投资房产，十年至十五年后，以上三种人可能是你的下一个买家。因此，在购买时就要先想到他们的需求。

刚开始投资房地产时，我只买小型公寓楼，因为它的物业管理费较低。但十年下来，升值最好的却不是这些房产。越是质量高，地点好的房子，物业管理费越高。可由于大楼管理得井井有条，环境优雅，加之这类大楼的名气可以满足有钱人的虚荣心，因此，升值空间就很大。位置好，设施齐备，名师打造的物业最有后劲，长线升值最好。有时，两处地点相近，但出自不同设计师、建筑师之手的房产在价钱上会有天壤之别，悉尼市中心的两居室公寓有六十万一套的，也有六百万一套的。

位置好，设施齐备，名师打造的物业最有后劲，长线升值最好。有时，两处地点相近，但出自不同设计师、建筑师之手的房产在价钱上会有天壤之别。

有时，一些被人们低估或忽略的地点也值得投资。1986年微软刚上市的时候，个人电脑的使用还不普遍，比尔·盖茨仍鲜为人知，很少有人愿意买微软的股票，因为他们不相信比尔·盖茨能使他们变得富有。可如果你当时买下一万美金的微软股票，而且一直没卖，到了1999年微软股票价值最高峰时，你的投资就会足足升了一千一百倍，一万美金变成一千一百万！现在谁都知道，比尔·盖茨是世界级的富豪，微软的股票是好股票。可买它股票的最好时间是1986年，也就是人们都不看好它的时候。

在地产投资方面，我们的专业团队在澳大利亚、新西兰各地潜心研究，以发现具备较大升值潜力，但被人们低估了的地点和项目。

房地产投资当中，人们常犯的一个错误就是捡便宜。投资是为了赚钱而不只是省钱。很多人只会省钱，但不会赚钱。因此，省吃俭用一辈子，也没能变得富有。攒钱是个良好习惯，但在攒钱的同时，一定要想着多赚钱。当你挣五万块时，你要想着如何能挣十万、二十万，而不只是如何在五万里多攒出一些。如果只挣五万，即使一分不花都攒下来，你最多不过攒五万。可你要是想办法将收入提高到二十万，你不但可以享受更高水准的生活，还能攒下更多的钱。许多人在挣钱上的态度基本上是随遇而安，很少花时间去思考如何在赚钱上做到极大值，更难想到为自己去创造一种财务自由的境界。

你是如何理解财务自由的呢？所谓财务自由，就是早晨自然醒来（不靠闹钟），然后想做什么就做什么，喜欢去哪儿就去哪儿。因为你本人每天做什么对你的收入无任何影响。你的资产、投资给你带来的回报足够你的生活开销。按照西方人的说法，你的投资回报给你带来的钱，多得你都不知道该怎么花，或者挣钱的速度超过花钱的速度。

关于捡便宜、追优惠方面，我想再说几句。

关于捡便宜，追优惠，中国有句老话说得很贴切：便宜没好货，好货不便宜。买东西能省点儿钱固然好。有些人一辈子都在试图捡便宜。这就有问题了。其实，很多表面上的便宜未必是真便宜。这其中更多的是主观想象或心理上的假象。不少商人为了迎合人们讨价还价的心理，故意把商品价格定高，论价的过程中他们假装不情愿让价，几轮反复之后，他们终于妥协让步，给了你一个大优惠。当你带着胜利者的喜悦付款时，卖家心里也是得意之极，因为他卖出了想卖的价格，也就是这个商品本来的价格。

表面上的便宜未必是真便宜。这其中更多的是主观想象或心理上的假象。不少商人为了迎合人们讨价还价的心理，故意把商品价格定高。

几年前，我到悉尼一家有名气的电器行去买一套松下音响组合。平时，我是个不爱还价的人。可这家电器行的招牌口号就是，“所有商品可以议价”。于是，我也跃跃欲试地准备去讨价还价。店里一位训练有素的华裔店员一方面显得不情愿，另一方面又暗示我，他愿意“华人帮助华人”。到最后，双方谈定价钱时，我心里感到十分内疚。他的表情显示，我把价钱压低到他和商店都无钱可赚了。于是我说：“如果这个价钱不合适，我们这笔买卖不做也罢。”他回答说，为了帮助一个华人，他不赚钱也值了。买下这套音响后，我心里虽有点儿不好意思，但十分得意，觉得自己居然是个议价高手，竟能谈下如此优惠的价格。第二天，我的心情从得意变为沉重。因为我碰巧经过另一家电器行，好奇自己买下的那套音响到底为我省了多少钱，就进去看看。找到同样的音响，赶紧看价钱，我一下就目瞪口呆了。这家电器行这套音响的原价（也可以议价）竟比我这议价高手讨来的最低价格还低得多！从那以后，我只把注意力集中在价值上，再也不只是光看价格了。犹太人生意经里讲，省钱只能让人有节余，赚钱才能让人达到富有。

我只把注意力集中在价值上，再也不只是光看价格了。犹太人生意经里讲，省钱只能让人有节余，赚钱才能让人达到富有。

再回到房地产投资上。就像股票有增长股和收入股之分一样，房产也有两种。对于大多数投资者，买投资房产是为了增值，房租收入是第二位的。要想通过投资致富，一定要买具有高增值潜力的房产。

亚太集团的服务平台就是为客户创造一个有利的投资环境，帮助客户把注意力集中在增值潜力大的物业上，然后以长线思维来对待他们的投资组合。只要买对了，又能抓在手里，十到十五年后，世界上就会又多出一批地产百万或千万富翁。“世界股神”巴菲特选股时，使用的就是这种方法。他不选时髦的股票，而只选那些经营好、盈利厚、团队强，且股价合理的公司投资。

2005年，我应多赢机构邀请，到北京做了一场“前沿讲座”。除了现场观众之外，“前沿讲座”还通过各地电视台向全国数亿观众播放。在这个讲座上，我讲到了把握人生成功的5P原则。5P原则即五种力量：梦想的力量、社交圈的力量、杠杆的力量、行动的力量和时间的力量。

人们经常问我，促使我奋发向上的最关键因素是什么。我的回答是：强烈燃烧的成功欲望，即梦想。没有梦想，人类就无法进步，个人就容易得过且过。

人们经常问我，促使我奋发向上的最关键因素是什么。我的回答是：强烈燃烧的成功欲望，即梦想。没有梦想，人类就无法进步，个人就容易得过且过。

社交圈也极为重要。五年以后你将成为什么样的人，在很大程度上取决于你所接触的人，正所谓“近朱者赤”“人以群分”。我过四十岁生日的时候，请了很多朋友到家里聚会。在大家品尝美酒佳肴，欣赏着周围丛林和山坡下高尔夫球场的自然景色时，我走到房前的停车场，看看到场的朋友都开什么车。其中有劳斯莱斯、奔驰、宝马、保时捷、凌志、法拉利、宾利。

借力也很重要，一个人要成功，必须要学会借助他人的知识、技能、时间，有时还要借用他人的钱。世界上许多成功企业或个人都用银行的钱来扩大再生产或增加投资。

要想成功，行动为本。太多的人只想不做，只说不做。一旦行动，

演讲现场（2010年）

可能会摔跤，可能会失败。但我们总可以爬起来继续努力，直至成功。可没有行动，就没有成功。一旦付诸行动，也要有耐心。

成功是实践和不断的行动堆积起来的。成功往往被放在拐弯处，我们必须有信念和耐心，否则就会功亏一篑。对于投资房产，我们也需要有耐心，不要用一时的升值或贬值来论英雄。

> 成功是实践和不断的行动堆积起来的。成功往往被放在拐弯处，我们必须有信念和耐心，否则就会功亏一篑。

在澳洲房产史上，房产从来没犯过错误，犯错误的是人。房子是供人居住的。澳洲的房价按供需周期平均每七至十年翻一倍。在澳洲买房产亏钱的人多因卖得太早。我还没见过一位十年或十五年以前买下房产，留到现在而后悔的人。当我开始投资时，我了解到，房产投资是一种生意，同买自住房不一样，只用脑而不用心。

澳洲人都有买自住房的梦想，而在欧洲租房子住很普遍。因此，在带领我们的澳洲客户投资时，我们尽可能教他们少用感情、多用理智去对待投资房产。如果要用感情，应该把它用在对未来的憧憬上。只要坚持不懈，有朝一日你将变得很富有。

前几年，在金融危机的席卷下，澳洲一些地产投资基金陷入困境，有的甚至落马，给投资者带来巨大损失，特别是那些接近退休年龄的人。由此，一些人对地产投资产生了恐惧。首先，房产投资基金与直接投资房产有所不同。这种基金是许多人把钱凑在一起，交给保险公司、投资公司或银行，由专业人士去投资。大多数投资基金都是去买写字楼或购物中心。也有些基金把钱投在住宅地产里。我们所讲的是用一部分自己的钱，再向银行借一部分钱，以个人名义或自己公司的名义直接去购买住宅房产。然后通过房租、政府的回税（在澳州投资房产，政府给一些税务优惠）以及自己的一些钱去买时间。最后，靠实践来致富。

不论投资地产还是股票，你要知道它有哪些风险，然后去冒有限的风险并且管理风险，而不是仅仅回避风险。在投资方面，人们对风险的态度及处理方法基本上决定了结果。

大多数人该冒风险时缩头缩脑，不该冒险时却猛打猛撞。这是因为他们把投资和投机混淆了。

投资是长线，而投机讲究的是立竿见影。事实上，长线投资者亏损的很少，而损失最多的往往是投机者（当中也不乏少数暴富者）。长线投资者是在了解了市场信息、投资产品信息、调整心态之后，带着信念及持久战的态度进入投资市场的。相反，投机者多是以赌徒心态上阵的。还有许多投机者是在看到少数投机者暴富后，以羊群心态，怀着侥幸心理盲目冲上阵的，却不知道那些暴富故事背后所隐藏的伤心经历。

我认识一位专门从事股票交易的澳洲人。他自己很有钱，银行也更愿意借钱给他去炒股票。2006年，他一年炒股净赚六百万澳元（三千六百万元人民币），非常开心。2007年，澳大利亚国庆日那一天，他请了很多朋友到他家去聚会。开了一百多瓶法国香槟酒，款待宾客。可前几年全球出现股灾时，他一周之内损失了六百万澳元。现在更是陷入困境，吃了官司。借钱给他炒股的银行把他告上法庭，索赔一个亿。

要想投资成功，一方面要抛弃投机心理，另外，要有成功的专业人士帮助。我们每个人辛辛苦苦挣钱都不容易，将来有一天我们年纪大了，干不动的时候，我们靠什么去维持有生之年的生活？如果不想靠别人的话，就得有自己的投资，就得从现在做起。因为投资是靠时间来赚钱的。既然将来我们要靠自己的资产来生活，现在就不能把它当儿戏，不能凭侥幸，要严肃认真，要给它最大的成功机会。

要想投资成功，一方面要抛弃投机心理，另外，要有成功的专业人士帮助。

一个人一生当中身边要有几个贵人、朋友。他们包括好医生、好律师、好会计、好银行（贷款）经理、好股票经纪、好的房产经纪以及好的投资顾问。

我从事地产投资行业已经十多年了，相信自己找到了最有效、最实用的投资方法。当然，一个十年的投资过程不会一帆风顺。然而，只要你坚持到底，你就会富有。我们亚太集团的工作就是帮助客户了解房产投资的长期性，了解这个十年进程中可能会遇到的挑战，然后同他们携手实现致富的目标。澳洲有一百二十万至一百五十万房地产投资者，但只有少数人最终达到致富的目的。按照美国投资银行美林（Merrill Lynch）2008年的统计，澳大利亚共有十六万五千个人、夫妻或家庭的资产达到或超过百万美金，其中包括业主、商人、企业高管、专业人士（医生、律师）和地产投资者。同在蓝天下，为什么那么多投资者起步了，却只有少数人善始善终呢？因为他们当中大多数人经受不起时间及各种困难的考验。

我们的好朋友丽莎和马塞尔拥有自己的生意，很成功，可在房产投资方面一拖再拖。原因是，他们听到媒体报道的关于一些房产公司行为不轨的事例，不敢轻易付出信任。尽管他们早就有条件投资房产，但就是不敢起步。当我向他们说明房产投资究竟是怎么回事后，他们在一年之内就买下了三套投资房。其中在黄金海岸希望岛上的一套三居豪华水边公寓，从买期房到交割间的二十三个月当中，就增值了二十万澳元（一百万人民币）。但我告诉他们，这是长线投资，不要根据一年的回报来论得失。我还跟他们强调，房地产投资的真谛是选择最佳地点，然后等待。

亚太集团的工作就是服务。我们是房地产投资者的长期战略合作伙伴。房地产投资是大生意，而要在这一生意里取得成功，需要专业知识和经验。当我们的客户了解到我们是这方面的专家后，就愿意认我们这个搭档了。这就意味着，他们自己不再需要在这上面花太多时间了。他们可以把更多的时间、精力放在事业、家庭及人生享受上面。

毕竟，我们在过去十年中为成千上万的客户提供了服务，帮助他们买下了价值二十亿澳元（一百二十亿元人民币）的投资房产。我们十分了解投资者在投资进程中的一切需要。亚太集团的使命就是，在澳大利亚、新西兰创造出更多的地产百万富翁。

当一名新招聘的投资顾问加盟时，我们会为他（她）提供全面培训。在培训上我最先强调的是：这是一个了不起的行业。十年过后，当你见到自己的客户时，必须可以坦然地笑脸相迎，而不是猫腰躲起来。你必须做到两点：一、告诉客户，这是一个十年投资计划，一个长线计划；二、只把投资房卖给那些买得起的人。不管对方多想买，多渴望致富，假如他的经济条件不够，我们不能把房子卖给他。我们更愿意帮他出主意，帮他制定攒钱或多挣钱的办法，让他在条件成熟后再回来投资。

在培训上我最先强调的是：这是一个了不起的行业。十年过后，当你见到自己的客户时，必须可以坦然地笑脸相迎，而不是猫腰躲起来。

亚太集团的成功建立在客户成功的基础上。房产投资是长线，因而我们的经营理念就建立在长线基础上。十年以后，我们衡量亚太集团的成功不是靠我们卖了多少房产，而取决于我们给客户带来了多少价值，有多少客户通过我们的服务实现了致富的目标。这一宗旨贯穿在我们的企业文化中。

几年以前，一位中国新移民李先生来听了我们的投资讲座。尽管他初来乍到，可他是位成功的企业家。他对我们的讲座产生了共鸣，甚至感到非常兴奋。他本来把自己的生意卖掉后是准备退休的，可当他了解到在澳洲投资的好处后，就决定跟我们投资，而且准备大手笔操作。有一天，李先生要求见我。坐下后，他说："我见了你们的投资顾问，谈得很好。他们向我介绍的黄金海岸的楼盘我也很喜欢。可当我说要买十套的时候，为什么他们建议我只买一两套？我是生意人，说要买十件任何东西，卖主都会眼里放光。可为什么你们的投资顾问却劝我少买？”

我回答说：“我们把您当作长期客户，要对您负责。尽管那个楼盘很值得投，但不一定非要投那么多。一两套就够了。我们还有很多其他好盘向您介绍呢。不要把鸡蛋全放在一个篮子里。”

李先生还告诉我，我们投资顾问的行为举止令他敬佩。当他准备要去看看别家公司的楼盘来比较时，我们的投资顾问没说同行半句坏话，还鼓励他“货比三家”。

> 一个成功的企业要靠诚信、凭实力去竞争，绝不靠批评、诋毁他人去占领市场。不论卖什么，当卖主开始谩骂竞争对手时，你应该赶紧离开。

一个成功的企业要靠诚信、凭实力去竞争，绝不靠批评、诋毁他人去占领市场。不论买什么，当卖主开始谩骂竞争对手时，你应该赶紧离开。往往在推销劣质产品和服务时，才需要靠压低别人来抬高自己。企业家应该培养自己的员工只突出自身产品或服务的优势，让客户自己去评判，切忌批评他人，否则适得其反。

> 我们想方设法在市场上寻找最好的产品。我自己的房产组合中百分之八十来自我们向客户推荐的楼盘。我经常告诉客户，他们要想成功，就要跟定成功者和成功的企业。

我相信我们的产品。我们想方设法在市场上寻找最好的产品。我自己的房产组合中百分之八十来自我们向客户推荐的楼盘。我经常告诉客户，要想成功，就要跟定成功者和成功的企业。不要因为别人没做好，自己就不敢做。生活中所有的事都可以出差错，出现事与愿违的情况，但关键不在于发生了什么，而在于我们所作出的反应。

我想谈几个亚太集团客户的成功案例。亚太集团的客户普遍有三大特点：一、对自己的未来负责；二、有能力依据事实作决定；三、有经济能力。

几年前，我遇到一位黎巴嫩小伙子。他是做建筑工作的，自己还开了一个浴室翻新装修公司。由于他一直以工匠的心态去做生意，收入一直不高。除去开销，每年净挣十万澳元左右。他喜欢和他的工人交朋友，因为他们的收入都比他低，在一起时他自我感觉良好。我问他最希望成为什么。他说，希望成为一名开发商，自己建楼。他崇拜的偶像是一名黎巴嫩裔开发商。我问他为什么不同那位开发商交朋友。他说，他不好意思。我在生意上给他支了两招，帮他从一个手工匠人的心态转变成生意人的心态，并在经营上做了一些调整。我教他在经营思维上尝试“从结果开始”。我问他，如果可能，十二个月后他希望挣多少钱。一开始他不敢想，因为他连续十年收入都在十万左右。后来在我的鼓励下，他终于说出了二十五万澳元。一年后，他果然挣了二十五万，还买了一辆宝马车及三套投资房。到了年底，他兴奋地给我讲述了这一年的转变。我又同他设定下一年的目标，如法炮制，仍“从结果开始”。他定下了五十万澳元。第二年，他果然挣了五十万澳元。这时我问他，是否离自己的第一个开发项目近了，他显得很激动：“两年以前认识你，是我最开心的一件事！”

事实上，他早就具备多挣钱的能力，只是在改变想法和做法以后有了不同的发挥罢了。在他买投资房的过程中，我也会时常鼓励他。否则，他就可能打退堂鼓。生活中很多人都在原地踏步或往后退，还常常给自己找出一大堆借口。成功者都是想尽一切办法往前走，哪怕是半步。其实，人不可能原地踏步，因为世界在随时向前进，作为个人，不进则退。

> 生活中很多人都在原地踏步或往后退，还常常给自己找出一大堆借口。成功者都是想尽一切办法往前走，哪怕是半步。

我们也为许多腰缠万贯的高端客人提供过服务。他们在商场经过一番奋斗，为自己赚了很多钱。但他们仍希望，同时用钱再去生钱。他们知道，自己在生意场上是佼佼者，有着丰富的知识和经验，但在投资方面，他们并不是专家，也无需自视为专家。他们懂得，只要把钱交给专家做专业投资即可。这类客人往往比一般人更容易相信专家，更懂得借力。

有位香港投资移民在银行里有一百七十万澳元的存款（一千万元人民币）。来澳洲前，他在香港做男士时装生意二十多年。他懂得时装，懂得赚钱。但他对澳洲房产投资并不了解。在听了几个不同讲座之后，他更喜欢我们这个平台，于是决定由我们带他投资。他完全有能力亲力亲为，但他知道自己时间的价值。他选择花时间去扩大自己的生意，在澳州重新创业，同时享受过去的劳动果实。

有位来自福建的移民张先生，拥有近百辆出租车、两个加油站以及一个修车行。同时，他还在业余时间读MBA。他对我说："周先生，我也可以自己去做你们为我做的事，但这不值得我花时间。我要把精力放在打造我的生意王国上。"

另一位来自天津的移民来听我们讲座时，银行里有五百万美金，不认为需要我们的帮助。我们为他分析了他的这笔钱除了买车、游艇、房子，可以拿出一部分来投资，实现资本升值的道理后，他意识到如果只把钱存在银行里，不仅会因通货膨胀贬值，而且不可能实现资本升值。于是，半年中，这位先生买下四套投资房产。

还有一对马来西亚夫妇，十年前将一大笔现金存在了澳洲银行里，也想投资些房产。由于听从了一个从不投资的亲戚关于不要投资澳洲房地产的建议后，将钱一直放在银行里。虽说挣了些利息，可相比之下，澳洲房产却翻了一番到一番半。如果当时有人教他们如何用自己一些钱，再借用银行的钱，买下几套房子，他们本来有机会赚上百万，甚至更多。吸取了前十年的教训，这对夫妇在两三年中跟我们买下了十几套投资房产。

还有位台湾移民，在银行里有二百万澳元的存款。太太做进出口生意，他每天打高尔夫球。他问我，如何能给这笔钱带来最大回报。当确认了他这笔钱不需要用在目前的日常生活之后，我建议他把这笔钱分为四份，分别购买四套一百万澳元一套的投资房产。所需总数四百万，他自己每套投入五十万，向银行借百分之五十，即五十万，用房租还银行利息。十年后，四百万翻番，变为八百万。原来的二百万可能给他赚四百万。这就是房产投资和杠杆原理的力量。

> 我经常对客户说，地产不是一个人资产支柱的全部，但是一个非常坚实、牢固的地基。一旦地基打好了，你就可以将投资多样化。

我经常对客户说，地产不是一个人资产支柱的全部，却是一个非常坚实、牢固的地基。一旦地基打好了，你就可以将投资多样化。即使其他方面没做好，你退休的时候也是个地产百万富翁，可以靠房租享受高水准的生活。

另一位客人商先生，2000年我认识他的时候，在一家私人公司做技师，年薪只有三万八千澳元。他太太在幼儿园工作，年薪二万五千澳元。他们有两个孩子，欠了银行二十万澳元（一百二十万元人民币）按揭。他想买一套投资房。

商先生毕业于上海复旦大学金融系，人很聪明，可一直没找到成功之路，深感焦虑。当时，他正在为买我推荐的房子还是跟开发商直接购买另一楼盘而举棋不定。他对我说：“周先生，两套房子我都喜欢。您这套是三居，需要近四十万澳元，而另一套是两居，只需三十五万元左右。如果您是我朋友，会推荐我买哪一套？”

我说：“商先生，如果你只想买一套房子，又不希望有太大的压力，就应该买开发商那一套。但如果你想买五套房子，又想彻底改变自己的生活，你就应该买我这套。开发商能给你的只是一套房子。而你一旦成了我的客户，我就有义务一直帮助你。你可能比我还聪明，可我一个月的收入远远超过你一年的收入。我是不是可以教你两手？”

商先生和太太马上决定买我推荐的房子。

> 你一旦成了我的客户，我就有义务一直帮助你。你可能比我还聪明，可我一个月的收入远远超过你一年的收入。

在那之后，我去商先生家，同他和太太坐下来探讨他将如何增加自己的收入。其实，他一直以来也试图改变自己的现状，增加收入。可由于不知道该怎么做，又背着二十万澳元的按揭，还要养家糊口，就基本上处于一个许多人都经历的“锁定”状态。我花了两个晚上为他支招。第一个晚上，我用了一小时帮他打破心理障碍。第二个晚上，我教他如何走出瓶颈。

在我的建议下，商先生在保持现有工作的同时，利用晚上和周末去开发第二种收入。他大学是学金融的，所以，我建议他先去做一个兼职的按揭顾问。六个月以后，商先生在晚上和周末挣到的钱远远超过白天全职工作的收入。他便辞去白天的工作，全职当上了按揭顾问。

如今，他是悉尼华人社区中我知道的最成功的按揭顾问之一。他不仅买了不下五套的投资房，还住进了价值百万的别墅，每天出入坐的是一辆奔驰E320，真正体验到了成功的滋味。

两年前，我在机场碰到他。我问他，过去一年成绩如何。他说成绩很不错。他还感谢我当时手把手教他突破瓶颈，取得了令人羡慕的结果。其实，他可能不知道，更开心的是我。因为人生最大的快乐莫过于帮助他人。我为商先生所取得的成绩深感骄傲。因为他的经历再次证明，只要一个人愿意听取成功者的建议，就可以彻底改变自己的命运。

一年前，我同澳州著名地产分析公司Residex总裁约翰·爱德华（John Edward）联手，在墨尔本举行了一次大型讲座。讲座结束后，有个人要见我。他说，他是专程来感谢我几年前给他支的招的。

几年前，他在澳帝集团听了我的讲座后，同我谈了二十分钟。他当时想知道，如何将每年二十万澳元的收入大大提高。他自营生意，但收入遇到了瓶颈而停滞不前。他每天被牢牢捆在生意上而不能自拔，思想境界和生意都卡壳了。同他交谈时，我教他如何重组公司构架，并高薪招募人才，一反行业内大多付五万澳元年薪的做法，建议他出八至十万招募能代他处理日常事务的人才。他刻苦努力了，但需要更聪明的管理。

他按照我的建议改变做法，并以高薪招贤纳士。一年以后，他的净利润仍是二十万，但他不用亲力亲为了。第二年，净利润跃升到五十万，他反倒变得更加轻松了。很多企业家都因缺乏一流员工而头疼。那你要问自己，你是一位让有才能的人愿意跟随的领头人吗？

这位先生告诉我，听了我讲座后的三年当中，由于钱和时间都比以前多了，他共买下了四百五十万澳元（二千七百万元人民币）的投资房产。2007年一年当中，他的投资就给他赚了百万澳元（六百万元人民币）。

我在讲座上经常听到这类故事。当一个人愿意改变自己的时候，他就开始走向新的高峰。反之，如果一个人抱着过去的思想不放，就会永远在一个水平上徘徊，甚至要落后于同水平的人。

当一个人愿意改变自己的时候，他就开始走向新的高峰。反之，如果一个人抱着过去的思想不放，就会永远在一个水平上徘徊，甚至要落后于同水平的人。

我有位早期的客人，是来自昆明的医学博士杨先生。他在悉尼最大的儿童医院从事科研。刚认识他时，他的年薪是四万四千澳元。太太在强生公司（Johnson & Johnson）工作，年薪四万。他们在悉尼近市中心的地方有一套两室一厅的公寓，正在努力还按揭。

他们都比我智商高，而且都是各自行业里的顶尖人才，可我们的生活境况却截然不同。我去见他们的时候，他们看到我开的“大奔”，流露出羡慕的神情。交谈中，他也了解到，我的收入比他们夫妻俩加在一起还要高许多倍。

我向他们介绍完房产投资后，杨博士说：“我很喜欢你这套理念，但我们现在没钱投资。”

我说："你们怎么会没钱投资呢？虽说你们收入不高，可投一两套还是绰绰有余的。"

他说，他们的钱都用在加速还贷款上了，连女儿学钢琴的钱都没有。

我告诉他，虽然我理解他想早日还清债务的愿望和做法，还是有更好的办法的。我建议他，先把每月还房债的数目降到银行允许的最低额，约为一千二百澳元。另外，该带家里人出去吃饭就去！同时，拿出钱来支持女儿学钢琴。然后，利用自住房作抵押，贷款买下两套投资房。这样，在收入不变的情况下，你就可以大大增加自己的财产基础，做到少花钱，多办事！

在这之后的一年中，他们买下两套投资房。只因改变了想法，在原有收入基础上，他们名下的房产从原来的二十八万增加到一百一十万澳元。在以后的若干年中，三套房价格翻倍。他们仅靠自己的资产就为自己赚了百万澳元（六百万元人民币）。

我记得，我曾经帮助过一对极其腼腆的上海夫妇。他们在同一家工厂工作，并已经在悉尼南区买了自住房（一套复式洋房）。我认识他们的时候，他们的自住房已经升值了。因此，他们知道房产可以赚钱。

他们很接受我所介绍的投资理念，希望在我们的帮助下开始房产投资。可他们的好朋友都反对他们投资。这两口子看上去很普通，收入也不高，可现在不光买了自住房，还买了新车，又要买投资房，他们的朋友心里不一定平衡，因为有的时候，朋友固然希望我们好，未必真的希望我们比他们更好。

尽管这对夫妇起步时有各种压力，但他们还是愿意按照我们的系统投资。他们从胆量和经济实力上都算不上大投资者，顶多三四年买一套房。可他们只要按部就班地坚持投下去，将来不光可以靠房产养老，还可以成为第一代移民中的百万富翁。他俩于1999年跟我买下一套三十一万澳元的投资房。

两年以后，有一天，我正在一个建筑工地向客户推荐楼盘时，有人在身后拍我肩膀，一看是他俩。他们说，这两年中，投资房中一直有租户。因为这套投资房，几乎不用缴纳个人所得税。附近新开盘的同样公寓，已经卖到四十七万五千澳元一套。他们还说，幸亏当初没有听从朋友的劝告。我提醒他们，生活中，永远只听从有结果的人的忠告。

还有一对来自北京的夫妇陆凌雪和钟先生。2000年，我刚认识他们的时候，两人都已接近五十岁。他们很赞同我讲的投资理念，但认为可以自己操作。

我问他们："你们有没有想过住进百万豪宅（悉尼当时百万澳元还可以买座豪宅）？你们想不想开奔驰？"

他们回答说："我们不想这些。"他俩个人年收入都在五万澳元左右，当时觉得，住百万豪宅、开奔驰车比较遥远。

接下来，他们自己在悉尼看了近两年的房子，只买下了一套投资房。加上原有一套自住房和一套投资房，他们名下共有三套房。生活的其他方面没有什么变化。

到了2002年底，他们又来听我的讲座。这时，他们意识到，这两年多里，我个人无论在资产上还是在事业上，都比他们发展了许多。于是，他们决定还是跟着我们公司走。在我们的帮助下，他们在短时间内又买下两套投资房。

有一天，陆女士打电话来说："周先生，您曾说过，如果我们成为您的客户，您会教我们如何提高收入。现在，我们已经是您的客户，能否跟您谈谈？您给我们支几招？"

我先帮他们打通思想，打破常人在收入上的思维障碍，向他们讲解了挣钱的艺术。

第二天，他们来到我公司。在近两个小时的时间里，我先帮他们打通思想，打破常人在收入上的思维障碍，向他们讲解了挣钱的艺术。

他们按照我的建议，开始去改变想法和做法。2003年，两人年收入从原来的十万澳元提高到三十万。到目前为止，他们年收入一直保持在几十万澳元。几年前，还买地自建了梦想的百万豪宅。他们不仅早就买下了一辆奔驰E320和一辆路虎，更建立起了一个价值数百万澳元的房产投资组合。他们从普通收入者变成高收入者，并成为自豪的地产百万富翁。

我为什么会花时间教他们提高收入呢？首先，我很愿意给客户提供增值服务。早年我在销售人寿保险时，就义务为英文不好的华人客户读英文信件。后来，在工伤理赔法庭为受了工伤的人做翻译时，我常常鼓励他们面对生活的挑战，不要因为受伤而对未来丧失信心。第二，我想有朝一日回国去，教年轻人如何创业，可又不想空谈，就以我在澳州的客户为实践样本，找出一个对大多数人有效的提高收入的办法。

再讲讲我的两个朋友，徐先生和王先生。他们最初于1990年被北京体院派到悉尼，学习打板球。之后，两人又先后返回澳洲。徐先生移民到墨尔本，王先生来到悉尼。当时，他们的起点一样。徐先生很快就在墨尔本的一间大学里找到了工作。他的英语水平和未来发展前景都比王先生要强一些。徐先生一直呆在大学里，而王先生则打过各种零工。在大学工作之余，徐先生还教教中文。两项工作加在一起，每年收入能有七八万澳元。虽说生活挺稳定，可徐先生有时也想做点儿生意，但又不知该做点儿什么。

有一天，有人向他介绍了一个涮羊肉的连锁生意。徐先生很有兴趣。但由于胆小，又没做过生意，他就给十个要好的朋友打电话，征求他们的意见。所有朋友都给他泼冷水，他就放弃了。

后来，我问徐先生："你这些朋友中有几个是做涮羊肉的？"

他说："没有。"

我又问："有几个是做餐饮的？"

他回答："没有。"

我接着问："他们有几个是成功的企业家？"

他说："没有。"

和边兰参加亚太集团墨尔本公司五周年庆典（2011年）

那你为什么要听这些没有结果的人的建议？

王先生在悉尼住了四年以后，由于没拿到绿卡，就于1994年回到了北京。我把他介绍给一位非常成功的朋友。于是，他就到这个朋友开的广告公司工作。当时我的朋友对王先生说："你在我这儿打工肥不了，但肯定瘦不了。"

果然，我朋友的生意做得很大。王先生给公司带来很多效益，一年以后，挣了百多万元人民币。他在北京买了三套公寓，还奖励了自己一辆红色丰田跑车。据说，当时是全北京第一辆。后来，王先生开办了自己的广告公司，做得非常成功，拥有像杨森、微软这样的大客户。如今，王先生还经营一家超豪华户外家具厂。

从我的两位朋友的故事中可以看出，你结交成功者，就会成功。中国的老话说："近朱者赤，近墨者黑。"可谓千真万确！

在过去这些年里，无论在保险业、翻译界、直销生意还是房地产业，我接触了成千上万的人，印证了人们成功与不成功的最关键原因。如果你把五个最要好的朋友的收入或资产加在一起，再除以五，基本上就是你自己的收入或资产。我们每个人都是自己所处环境的产物。

我经常到悉尼市中心一家瑞士表店买手表，每次都是一位叫史黛拉的北京女士为我服务。她气质高雅，业务娴熟，服务热情。她的先生在大学工作，不是那种开创型的男士，而她却不甘寂寞。我认识她以前，她曾独自奋斗过好几年，但结果甚微。后来她就认命了，又回到了表行。

她对我说："也许，我命中注定就只能过普通人的生活。"她在表行里每天都接触成功人士，可她却认为自己与成功无缘。

我对她说："这同你的命运无关，而是由你的家庭及社交环境造成的。"后来她承认，她朋友们的生活境况还不如她。我为她惋惜。其实，她完全可以过上更富足的生活。可要改变现状，她必须要交一些比她境况更好的新朋友。

我的许多客人也一样。他们周边往往缺少积极、乐观、进取的朋友。亚太集团和我们的专业投资顾问团队就是尽力为客户提供一个有助于他们成功的环境。

任何人都可以成为一名百万富翁或千万富翁，但靠急功近利不行。大部分人都不会中彩票，大多数人不会继承一大笔遗产，但他们可以靠自己。

任何人都可以成为一名百万富翁或千万富翁，但靠急功近利不行。大部分人都不会中彩票，大多数人不会继承一大笔遗产，但他们可以靠自己。

有一次，当我同几位中国移民谈未来时，我请他们想象一下十五年以后的景象。作为白手起家的第一代移民，他们通过自己的奋斗成为百万甚至千万富翁。那将是一种什么感觉啊！

每个人在成功的路上都曾被人怀疑、讽刺、挖苦、讥笑过。我们只要明白，每个成功者都有同样的经历，不要因此而放弃梦想。谁笑到最后，谁就笑得最好。

每个人在成功的路上都曾被人怀疑、讽刺、挖苦、讥笑过。我们只要明白，每个成功者都有同样的经历，不要因此而放弃梦想。谁笑到最后，谁就笑得最好。

亚太集团的成功模式就是激励客户改变思维，变换做法，克服挑战，及早行动。然后，去拥抱一个辉煌的人生。每天早晨醒来时，我都为自己能有机会积极地影响他人而感到庆幸和自豪。

在我投资的房产前

## 展望未来

# 波音737商务机

我的梦想就是要把亚太集团建成为价值十亿甚至百亿澳元的跨国企业。这是一个大胆的宣言。

把这个梦想公诸于众，肯定会有人怀疑甚至笑话我。十八年前，他只是个送比萨饼的，怎么可能建立起如此巨大的一个商业王国？

2009年，正值人类首次登月四十周年。阿姆斯特朗是第一个踏上月球的宇航员。他踏上月球说的第一句话是："对我个人，这只是一小步；而对人类，则是一大步！"但当初想到载人登月时，肯定会有人认为这个想法很荒谬，很可笑。飞船掉下来，怎么办？宇航员去了回不来，怎么办？人类登月是不可能的！可事实证明，那些持怀疑态度的人都错了。阿姆斯特朗的那一步象征着人类一大进步，是人类探索太空、了解地球近邻的重要步骤，也再次证明了人类创造力的伟大及人类所蕴藏的无限潜力。"从结果开始"的原则，在登月计划上再次得到验证。就像建立一个企业王国一样，登月计划的实施可能比预先计划花的时间要长，过程中肯定经历了各种挑战，但最后还是成功了。在我看来，十亿澳元只是一千个百万。我早已在玩百万、千万的生意游戏了，只需把一千个百万聚敛起来并留住，就可以了。

建立亚太集团以后，我做的第一件事情就是为自己找了一位导师。作为个人，我自认为有许多优点、强项，我是个敢冒风险的企业家，但是我毕竟没有经营和管理过一个迅速成长的大企业。我不能带领一个企业去冒无谓的风险，更不能把公司员工的饭碗和前途当儿戏。我必须把企业经营好，从而使他们的工作长期稳定，并为他们提供成功和实现梦想的机会。

和澳洲著名经济学家、上市基金公司董事长（2008年）

我想找一位曾成功经营过价值十亿澳元的公司前总裁。生意和体育一样，要想成功，一定要找个好教练。虽说自己摸索也可能成功，但会白白浪费许多时间，甚至加大失败几率。

一番寻找之后，我终于找到了一位教练——约翰·夏普。他曾在澳洲航空公司做了多年的高级行政管理，还曾做过三家上市公司的CEO，刚刚退休。这正是我梦寐以求的！

我跟约翰说："我就像是一名立志成为世界第一的网球运动员，我想找一位教练。他不仅要相信我能成为世界第一，而且愿意同我一起奋斗，帮助我实现这一梦想。"

在对我的过去、生意现状及企业长远规划作了一一了解之后，约翰认为，我这个人有培养前途；我的生意计划也可实施；他还愿意助我一臂之力。于是，我有了自己的生意教练，一位出色的教练。约翰现在还是亚太集团的特别顾问。

要想管理好企业，使其不断迅速发展，必须能吸引和留住人才。

> 要想管理好企业，使其不断迅速发展，必须能吸引和留住人才。

而要做到这一点，我们必须为他们提供三个条件：第一，他们在亚太集团必须能挣到丰厚的收入；第二，他们要有在收入及事业上的发展空间，并能学到新东西；第三，要为他们提供和谐融洽的企业文化及工作环境。有了人才，再加上完善的制度和程序，我们就可以管理好企业的发展。

我不想做一个明星总裁，亚太集团是由集体来管理的。亚太集团的成功，完全是团队集体努力的结果。有人问我，如何来定义亚太集团。我说，亚太集团就是一大群志同道合的有识之士通过为社会、社区提供巨大价值，来成就一番轰轰烈烈的事业，然后论功行赏。亚太集团为每位员工提供的不只是一个职位，而是一个实现人生梦想的机会。

亚太集团的成功，完全是团队集体努力的结果。有人问我，如何来定义亚太集团。我说，亚太集团就是一大群志同道合的有识之士通过为社会、社区提供巨大价值，来成就一番轰轰烈烈的事业，然后论功行赏。

目前，在澳洲和新西兰，我们主要服务于各大城市的移民社区，因为在这些社区中缺乏一个全面、专业、具备一定规模的地产投资公司。而这些社区占全澳人口的百分之四十七左右。我们要成为这些社区中一个家喻户晓的投资品牌。

随着公司的发展，我们会将业务扩展至主流社会及海外。最终，我们将成为一个跨国地产投资服务平台。鉴于每年我们将向客户推荐成千上万套投资房产，为他们做物业管理，所以，提供一站式服务极为必要。这个业务也于2008年，在我们南澳分公司展开。

我们还通过亚太信贷为客户提供按揭服务。有些客户可能直接去银行借贷，也有些去找贷款经纪，但如果那些银行经理或贷款经纪本人不懂投资，有时可能在信贷结构上做得不到位，从而影响投资者购买下套投资房的贷款能力。在澳洲买投资房，当房子升值以后，可以不用卖掉房子，而是在银行以套现的方式，向银行借更多的钱来买第二套、第三套。在为投资房产者设立贷款结构时，方法有点儿像打台球。当你把红球打进洞，同时让白球回到黑球后面时，你才有更大的胜算。下棋也是这样，走第一步时要想到第二步、第三步。

时常有人问我：“亚太集团每年卖那么多房子，为什么自己不做开发？”其实，当初建立亚太集团，确定生意模式的时候，我也面临两个选择：是自己做开发还是做经销？

在分析了澳大利亚和新西兰的房地产市场后，我们意识到，大小开发商比比皆是，但市场缺少一家大型专业的投资房产经销公司。另外，纵观世界商业舞台，最成功的企业往往不一定是制造商，而是经销商，比如沃尔玛（Walmart）、苏宁电器等。另外，只要资金雄厚，做开发并不难。可令很多当地开发商最头疼的，就是把开发的项目全部卖出去。澳洲大部分开发商缺乏有效的经销系统，多依赖于房产中介、小经销公司和内部销售部门。他们常常在卖掉整个项目的百分之六十至七十以后，销售速度放慢下来。有时房子都建好了，仍有很多套没有卖掉，眼睁睁看着自己的利润压在未售出的房子中，拿不出来。最近两年，澳大利亚和新西兰不少大开发商倒闭，就是这个原因。

于是，我们决定，与其把资金集中在一两个项目上做开发，不如用它来迅速建立起一个庞大、有效的投资房产经销系统。而有了这个系统，当我们开始做自己的开发项目时，就可以很快把这些项目全部卖掉，从而使资金健康周转，不断扩大再生产。将来自己做开发，还能更有效地控制房源的地点和质量，为我们的投资客户谋取更大利益和回报。

房地产是个周期性很强的行业。这也就是为什么一些上市的房地产公司的股票价格常常涨得较慢的原因。要克服房地产行业流动资金时好时坏的弱点，经销上就一定要有规模。

因此，亚太集团一开始就在企业规模上做出了长远规划。销售网点多了，且不断增加，销售结果就比较容易预测，业绩就比较稳定。只要有很好的制度和人才，扩大规模就是一种简单的复制。有人跟我说，澳大利亚和新西兰的市场太小。我把世界

亚太集团一开始就在企业规模上作出了长远规划。销售网点多了，且不断增加，销售结果就比较容易预测，业绩就比较稳定。只要有很好的制度和人才，扩大规模就是一种简单的复制。

地图拿出来，找到澳大利亚和新西兰，然后往西北方向走，一直走到中国和印度，沿途还经过新加坡、马来西亚、印度尼西亚等国，加在一起的人口近三十亿。这是个无比巨大的市场，而亚太集团所提供的地产投资服务正是这些国家，特别是新兴国家人们非常需要的服务。另外，如今无论做什么生意，无论你的地理位置何在，都应该放眼全国乃至全球。现代科技、交通，特别是互联网，已把世界变成了一个无疆界的环球市场。谷歌、“阿里巴巴”和Ebay的生意模式和巨大成功，都证明了这一点。

在走向世界之前，我们要在澳大利亚和新西兰打下坚实的基础。亚太集团从一开始，就制定出了一个十年发展战略，要把业务发展至整个亚太地区，实现十亿乃至百亿的梦想。对亚太集团的每一位员工来说，这是个令人激动、充满机遇和挑战的进程。我们在房地产投资业多年的奋斗中积累了丰富经验，我们有信心利用亚太的平台，为客户在致富和成功的路上起到积极的推动作用。

在二十多年的奋斗之旅中，我不仅学到了许多知识，不断提升了个人的综合素质，还有幸和家人享有了较高的生活水平。当我脱离澳帝集团时，首先想到的就是，尽我所能，帮助亚太人都达到我所享受到的生活水平。我们必须扩大规模，因为如果生意太小，其他人就没有机会发展。我有幸见证了一些同事利用我们的生意平台从低向高的成长。这里还不光指他们的头衔和收入，还包括他们的知识、技能、为人和生活态度。美国通用电气公司前总裁杰克·韦尔奇说得好，“一个商界领袖随时应把精力放在提升团队成员综合素质上面！”我也要通过亚太员工的成长，来扩大生意规模。

我有幸见证了一些同事利用我们的生意平台从低向高的成长。这里还不光指他们的头衔和收入，还包括他们的知识、技能、为人和生活态度。

过去这些年中，数十万人现场听过我的演讲。在人寿保险、翻译、直销和地产行业同仁交往的过程中，我也增加了对人的了解。有些人只看眼前，不想未来。在成功与致富进程中，许多人太过保守。

世界传媒大王鲁伯特·默多克是企业家集大成之典范。他虽不能说是白手起家，但他把从父亲手里继承过来的报纸——南澳的《阿德莱德新闻报》变成一个包含报纸、杂志、音乐、广播、电视、卫星、电影及互联网业务的全球性媒体王国。使他走向巨大成功的不是报纸本身，而是早年在父母身上及饭桌上学到的做人、做事、做生意的原则及方法。很多父母望子成龙，送孩子上名校、补习学校，却不知道对孩子一生影响更大的是成长过程中父母做事的榜样及饭桌上听到的东西。不是每个人都能有默多克那样的父母。有些父母可能本身很成功，可他们忙于生意或自己的事业，根本就没时间向孩子讲述影响其一生的做人做事的道理。孩子只能到学校去学。可老师能教给孩子的知识是有限的。除了知识以外，他们不一定能教孩子如何积极思维，成功思维，如何进取，培养竞争力，更无法获得创业、经商的技能。

很多年以前，我就立志，有朝一日，要在中国和其他国家开办成功学院，教年轻人如何培养企业家的创业精神。传统教育形式固然很重要，但它缺乏对年轻人在领导风范、目标设定、责任感、人际交流、赚钱与投资方面的培养。很多年轻人大学毕业后只凭某某学校的学历或文凭去找工作。其实，文凭只是用人单位在录用新人时若干条件中的一个。他们对你的思想态度、事业心、人际交流能力、沟通能力、灵活性等很多其他方面都有较高的要求。而这一切都是可以后天学会的。

> 传统教育形式固然很重要，但它缺乏对年轻人在领导风范、目标设定、责任感、人际交流、赚钱与投资方面的培养。

社会缺乏这样的教育。澳大利亚、新西兰和中国都有各类补习学校或补习班，帮助学生考高分，上重点学校。这自然很好。可上了好学校，又能怎么样呢？如果不具备成功者的思维与技能，这些尖子学生日后走进社会，充其量只是个高级打工者，去补一个职位的空缺，去完成一个企业或单位赋予的某种职能。

我要创办的学院是要教学生如何做领袖；培养他们的领袖素质、人际交流及为人处事的本领；培养他们走向社会后带着领导意识和创业家精神，去为社会、为他人创造就业机会。西方发达国家的经济是由中小企业来支撑的。现今社会为那些志在成功的年轻人提供了前所未有的机会，可如果你不懂得如何去创造、创新，没有领导意识，你就无法看到或抓住这些机会。

现今社会为那些志在成功的年轻人提供了前所未有的机会，可如果你不懂得如何去创造、创新，没有领导意识，你就无法看到或抓住这些机会。

在中国，每年有无数青年背负着沉重的社会和家庭压力，拼命苦读，希望能考进重点小学、中学和大学。记得我侄子从六岁上小学，直到大学毕业前，差不多总是处在学习、复习、补习的状态下，几乎失去了一个孩子应有的童年。而西方国家的教育更注重给孩子提供一个轻松、自由的学习环境，启发他们尽情地去想象他们的人生，锻炼他们的创造力，使他们离开学校后具有创新的思维方式和独立生活的能力。

许多家长不惜一切代价，想让孩子上好学校，上大学。可大学并不是一个人创造非凡人生的保证。它更多只是教人如何去学习和吸收知识。它是未来生活的一个重要起点，一个奠基石。但上大学并不能保证一个人一定能够获得成功。事实上，在全球范围内，许多大学毕业生都是平庸地度过一生的。

高等教育固然重要，但要达到成功之巅，还必须具备积极的人生态度和不断进取的精神。

我的两个孩子都在悉尼上私校，我和妻子小叶经常去开家长会。我们常常发现，那里的家长多是企业家或大公司的高管，比如总裁、总财务官、上市公司董事等。他们都很忙，经常到世界各地出差，不一定有时间在饭桌上教导孩子，并与他们交流成功人生的价值观和思想方法。

中国很多成功的家长每天晚上在外面参加各种应酬。尽管在物质上他们可以给孩子提供最优越的条件，并能送他们去上大学，甚至到海外留学，可他们却没时间在孩子成长最关键的阶段，去教他们如何积极思维，如何下好人生这盘错综复杂的棋。要使孩子成才，除了传统教育，父母应该在孩子成长过程中承担更关键的责任。

对于成年人来说，社会上有越来越多的成功励志教育，不少成功大师靠卖书、光盘和开讲座赚了很多钱，可不少“大师”本人多理论，少实践。他们可能多年前在某些方面曾有成功经验，但大多数没有用自己所教的理论去开创自己的生意王国。

有一次，一位来自中国福建的小伙子来听我的地产投资讲座。他说，过去几年中，他在励志教育上花了几万澳元，并追随某某成功大师达两年之久。

我说：“我猜，在过去几年中，你除了时常兴奋不已，生活各方面变化不大。你的收入没什么提高，你的资产增加不多，你没有换一辆更豪华的汽车，你也没换新房，对吧？”

他点头说：“你怎么知道的？”

我遇到不少这类人士。他们满怀希望去参加励志课程，但由于这些课程不像“阿里巴巴”的马云在淘宝网上一样，会为学员提供一个实现梦想的载体，学员课后只会焦躁不安。他们一边要自己去悟出走向新未来的渠道，又会回到过去的家人、朋友及同事三个圈子。人是环境的产物。由于这三个圈子没有变，一段时间以后，他们又回到了过去的自我。

1998年，我去参加了一个励志课程，希望能找到将年入提高至一百万的方法。课后，我请求和演讲者坐下来，谈谈我个人的情况，希望得到量体裁衣的建议。他每小时的收费八百澳元。我同他谈了两小时。可在这两个小时的交谈中，他总是想说服我，花更多的钱去上更高一级的课，而对我个人的状况毫无兴趣，更没有什么高招。当我意识到，他只关心我兜里的钱而并不关心我之后，我对同他进一步谈话或接触的兴趣全失。

目前，西方市场上的这类课程基本上采取“一方治百病”的做法，并不能给学生个案带来真正的价值。学员基本上要自己去悟出方法来。一些悟性高的学员或许能行，而大部分人要走很多弯路。事实在于，每个人都有自己的特长、特点及兴趣爱好，每个人成才之路各异。我们应该因人而异，来帮助他们走出瓶颈，走向新的高点。

有一次，我去参加一个地产投资讲座。主讲人请几位听众上台，分享自己的体验。有位年轻的女士说她的职业是生命教练（Life Coach），希望通过讲座了解增加财富的知识。当主讲人问她具体做什么工作时，她说她教人如何面对自己的现实，开创美好未来。主讲人问她：“那你自己活得怎样？”她回答：“糟糕透了！”全场一片大笑。她连自己的生活都没安排好，如何去教人创造美好人生呢！

十多年前，想到有朝一日开办创业教育时，我想在学习他人的成功经验后一定要自己先干出结果来，还要找出世界上集大成者在成功路上的可为人复制的共性。我们想教授给学员的，一定是我们自己已经做过的。这样，才可以使我们的学员在人生中多实现一些自己的梦想，少走弯路。

我们想教授给学员的，一定是我们自己已经做过的。这样，可以使我们的学员在人生中多实现一些自己的梦想，少走弯路。

作为一个地产投资公司，亚太集团的管理层是由成功者、富有之人组成的。我们的投资顾问团队中不乏百万富翁。我们自己买的投资房产多来源于我们向客户推荐的楼盘。我们每天都在使用我们向客户及学员传授的方法，来创造财富。

2008年11月，当金融危机、经济萧条的乌云笼罩全球，许多人担

和西澳珀斯首位客户（2010年）

心失去自己的工作或生意时，亚太集团成立了亚太成功学院。我们先在新西兰的奥克兰，然后在澳大利亚的悉尼、布里斯班、墨尔本和阿德莱德开设创业培训课程，帮助年轻人提升自身的能力，帮助企业家走出生意瓶颈，帮助新移民尽早找到融入澳洲社会的切入点。

我们的课程在社会上引起了极大的反响。报名上课的有在校大学生、蓝领白领在职人员、医生、律师、会计师、电脑工程师，也有小生意人、新移民，还有年收入超过百万的成功企业家。

亚太成功学院的宗旨是，增加华人在澳大利亚和新西兰的政治经济实力，带领华人进入上流社会。

而我们成功教育的最高目标是带领百万中国青年成为企业家、创业家；为同胞创造就业机会；为有志者创造成功平台；为国家，为社会创造巨大价值。

我们计划建立亚太风险投资基金，帮助我们的学员尽快起步。我也很喜欢澳大利亚投资管理公司PAM（Platinum Asset Management）的做法——上市前，把股票优先分给客户认购，而不是分给投资银行。结果上市当天，股价从五澳元涨至九澳元，使客户大受其益。

我希望亚太集团上市时，也能首先惠及我们的客户。

亚太梦想的最后一个环节就是，通过慈善回馈社会。帮助普通人成功和致富，本身就是对社会的一种贡献。

随着亚太成功学院的学员纷纷成功创业，必将为社会带来很多就业机会，并吸收外来投资。这对国民经济本身就是一种贡献。作为企业家和成功人士，收入提高了，每年向政府交的税自然也就多了。这些成功人士将来退休时都是富有之人，不会给社会福利系统带来任何压力。除此之外，亚太集团这样的企业还应对社会做出更直接的贡献。

世界上成功富有的人很多，但他们不一定都愿意拿出自己的财富及成功经验同社会分享。

人生最大的快乐是帮助他人。我自小就常听母亲讲起，她和父亲是如何帮助邻居和同事的。母亲生前常提到做人的三原则：谦虚、慷慨和大度。她以自己的行动在这三方面给我和哥哥、姐姐树立了光辉典范。由于她对人慷慨，多次住院期间，看望她的人总是络绎不绝。我们几个孩子也是常守在病床前。我甚至每月从悉尼回北京去看望她。我乘坐星期五的澳航班机，飞十一个小时于当晚抵达北京，星期六、日守在母亲身边，星期一晚上返澳。这么多人来看望我母亲，送来了这么多的鲜花水果，医院里的医护人员还以为我母亲是什么大人物呢。其实，她只是一位退休医生，但她的为人让她赢得了许多人的敬重。

父母待人的慷慨就给我留下深深的烙印，让我对“慷慨解囊”这个词理解深刻，终生难忘，并落实在自己的日常行动中。

我小的时候，父母待人的慷慨就给我留下深深的烙印，让我对“慷慨解囊”这个词理解深刻，终生难忘，并落实在自己的日常行动中。有一天读报，我读到了一个令人心碎的故事。一个十岁的小男孩因父母、姐姐、妹妹都在一次车祸中丧生而成为孤儿。我马上拿出支票本，写了张支票，寄给相关募捐机构。早年刚开始做生意时，我常因流动资金吃紧而头疼。有一周，我竟然接连收到好几张捐款的请求书。我毫不犹豫地写出几张支票，分别捐款给妇女病研究中心、儿童医院烧伤科和导盲犬基金。

有位美国富豪曾沦落到囊中羞涩，只有十美元的境地。一天，他在街上遇到一个乞丐，却毫不犹豫地给了那个乞丐五美元。他说，富有是一种心态。即便兜里只剩下十美元，我也要慷慨解囊，这使我在心理上感到，我有足够的钱可以施助于人。

我刚到澳洲时，曾做过沿街叫卖的工作。因此，任何时候，推销员到我公司或家里敲门卖东西时，我总是会向他们买点儿什么，让他们知道，虽然有许多人拒绝他们，但总是有人会买的。这样，他们就有信心，再去敲下一道门。我也愿意奖励我的同事。在我的众多爱好中，有名车和名表。过去几年中，我给出了好几辆奔驰、宝马，还送出了多块名表，如百达斐丽、劳力士、百年灵、伯爵、欧米茄、浪琴等。我给家人，包括保姆，每人都送过手表。

同时，我也是澳洲当地几家慈善机构的长期支持者。由于热爱我的妻子和孩子，我更多支持的是妇女儿童方面的慈善事业。世界上有许多儿童生活在极其恶劣的环境中。我们已经担保了一些世界宣明会的儿童，包括中国的儿童。其中有些儿童是用我们的儿子、女儿的名义担保的。这样，他俩从小就可以意识到，世界上还有很多孩子不像他们这么幸运，让他们具有乐善好施的心态。

除了支持儿童医院烧伤科、轮椅基金会、导盲犬基金等以外，我还想在这方面做得更多。我最终要建立自己的慈善基金，由小叶来主持。我已向小叶承诺了一亿澳元。我计划至少担保一千名儿童。我还要拿出一笔钱来支持中国的某个儿童慈善机构。这些目标，给我的事业发展带来无限的动力，使我更有决心把亚太集团打造成一个跨国企业。我希望亚太集团的十年蓝图不仅可以使我们的客户、员工及股东获益，还可以帮助更多的人。

我希望亚太集团的十年蓝图不仅可以使我们的客户、员工及股东获益，还可以帮助更多的人。

亚太集团的飞速发展不仅依靠一套行之有效的战略计划，还取决于全体员工的共同努力。

陆凌雪女士在成为我的客户前，年薪五万澳元。但在2003年加盟亚太集团后，年收入增长至数十万。从投资顾问开始，她于2007年被派到南澳分公司做销售总监。2009年7月1日，她又回到悉尼，将作为生意伙伴，出任亚太集团博伍德分公司的总经理，开始向百万年收入进发。

前面提到的百万富翁、地产投资者徐明，2004年底辞掉在世界五百强高级经理的工作，于2005年加盟亚太集团。从投资顾问做起，曾任新南威尔士州的总经理，现任铁鱼置业中国区CEO。

新西兰移民格兰特·莱恩也有一个非常启发人的成功故事。1999年我刚认识他时，他名下没有什么资产，但满怀壮志。在接下来的几年里，他把一辆价值一千五百澳元的破旧汽车换成宝马、奔驰。澳洲本地人一般三至五年就换一份工作，很少有人能在一家公司做十年。他不仅随我换了三家公司，而且到2009年4月，已同我共事十年。这在西人当中是少有的事。格兰特如今是亚太集团的董事和股东。他对亚太集团的未来发展至关重要。

苏珊·安德森小姐是一位美丽、聪明、能干的澳洲女士。自2002年加盟我的团队以来，也为自己创造出了一个令人羡慕的成功故事。她不仅为亚太集团的新发展远景做出了重大贡献，而且为集团飞速发展所必需的制度和进程的建立起到了极大作用。她如今也是亚太集团的董事和股东。

亚太集团2006年重组一年后，就有一家亚洲银行拟出资三千万澳元收购。我拒绝了这笔交易后，另一家私人投资公司出资三百万澳元买下百分之十的股份。即使按照当时三千万澳元的价值，格兰特和苏珊的股份也已使他们成了纸上百万富翁。他们的名下也都各有房产。我知道，在亚太集团上市的那天，他们都会成为千万富翁甚至亿万富翁。亚太集团的高管、生意伙伴及员工会进入百万富翁、千万富翁之列。这也是我今后五年最大的愿望之一。

2006年亚太集团在悉尼重组后，我看到悉尼的投资房产市场仍旧低迷。我在澳帝集团培养的精英团队因市场的转变，对地产投资失去了信念。他们仍然在跟客人谈投资，但已没有任何说服力。我说他们是“内力全失”的武林高手。在维持和改善悉尼团队的同时，我们制定一个全面发展的战略，决定在墨尔本、阿德莱德及新西兰的奥克兰开设分公司，为今后的发展占领地盘，并与不同背景的人合作，尝试我们的生意模式。

2006年7月，澳帝集团墨尔本公司的销售冠军、来自中国天津的边兰女士离开澳帝，拟另起炉灶。边兰从未经营过地产投资生意。加入澳帝前，她曾在当地一家华语电台做市场推广，年薪五万左右。她曾负责澳帝电台的广告业务。当我们看到她做事专业认真，并感到她暗含一种对成功的极大渴望时，就问她：“你是否想一年挣二十万？”

她说：“当然想了！但哪有那么容易的事啊？”

和她交谈几次后，尽管仍很怀疑，她还是被一年挣二十万的可能性吸引了。2003年10月，她正式加入地产投资行业。

2004年，即从业第一年，她的收入达到三十五万澳元。2005年，她又挣了三十五万，成为销售冠军。2006年，边兰和我联手开设了亚太集团墨尔本分公司。本来我们打算各投入十万澳元作为启动资金，可我们只需各投五万澳元，资金就周转良好了。墨尔本分公司先是在一个九十三平米的临时办公室办公，三个月后我们搬入现在的独立小楼。

利用亚太集团的有效制度和品牌，在边兰的领导和全体员工的努力下，亚太集团成为墨尔本地产投资界的佼佼者，边兰被评为“十大华人企业家”，并于2008年9月在北京人民大会堂参加了“第三届世界华人企业家峰会”。我和边兰当时的十万启动资金早已变成百万、千万。

2006年9月，澳大利亚南部最大的开发商詹姆斯·赖斯（年轻的亿万富翁）把我介绍给阿德莱德一位年轻百万富翁戴蒙·纳吉尔。我早就想在南澳开分公司，但苦于没有合适的当地人选。

戴蒙和我几乎是“一见钟情”。他那年三十六岁。早在二十二岁时，戴蒙为了追求一位英国美女，怀揣五百英镑去了伦敦。他当时有两个目标：一、娶那位英国美女为妻；二、三十五岁实现财务自由，回南澳买一个酿酒园（他酷爱好酒）。三十三岁时，他两个目标均已实现。娶了英国美女为妻，怀揣五百万英镑回到南澳，买了一个酿酒园。他的财富是在伦敦房地产市场上创造的。

2006年11月，亚太集团正式在阿德莱德挂牌开业。运用亚太生意模式，戴蒙和他的团队把亚太集团建成南澳地产投资界最有名的品牌。同时，把我们当初十四万澳元的启动资金变成千万。2008年和2009年，亚太集团和桑托斯（Santos，澳洲著名上市公司）联名赞助全澳最大的文化节——中秋节文化周。

2006年，前澳帝奥克兰公司投资顾问梁潇飞到悉尼见我，希望能负责开设亚太集团奥克兰分公司。他当时才二十四岁，虽曾是成功的投资顾问，但从未做过生意。

梁潇来自北京，二十二岁在奥克兰大学毕业后，本有机会去花旗银行任职，但听了我在奥克兰地产投资讲座后深受鼓舞，毅然决定进入地产投资业。

按照我们的投资系统，他和女朋友蒂夫尼将双方父母借给他们的七万多新西兰币变成了一个超过五百万新元（三千五百万元人民币）的地产投资组合。不靠父母，他和蒂夫尼各开一辆宝马。

2007年8月，亚太集团奥克兰分公司正式成立，年仅二十五岁的梁潇成为亚太集团最年轻的总经理。步边兰和戴蒙的后尘，梁潇利用亚太集团的平台和品牌，顶着新西兰房市低迷的压力，把奥克兰公司建成一个成功企业。在众多地产公司纷纷落马之时，梁潇领导的亚太奥克兰独占鳌头，为当地华人及其他民族创造了一个极好的投资服务平台。

亚太集团于2006年重组后，年营业额从第一年的八千一百万澳元（近五亿元人民币）增至第二年的二亿三千万澳元（约十四亿元人民币），增长率达到百分之三百。

从个人角度来说，尽管我已幸运地享受到成功带来的许多美妙，但我还有更多的追求，比如拥有一辆玛莎拉蒂超级跑车。我还把世界排名前十的车都罗列出来，只要出新款，就买一辆。目前，我每周要飞两个地方，去扩大亚太集团的业务。随着生意扩展至整个亚太地区，拥有自己的私人飞机势在必行，以节省大量时间。我已想好的两架飞机是波音737商务机和Gulfstream G550。

除了商务目标以外，我还有一些个人和家庭方面的梦想。我和小叶要给两个孩子提供最好的教育和发展机会，教会他们如何做人，将来长大后能成为社会的有用人才并过着健康而幸福的生活。我们目前住在一幢全新的现代化别墅里，但我最终的理想住宅是一座价值二千五百万澳元（一亿五千万元人民币）、能俯瞰悉尼港湾（包括歌剧院）全景的别墅。因为悉尼港是全世界最迷人的港湾之一。当然，这座房子要有至少能停放六辆汽车的车库。

年轻的时候，我酷爱音乐。我还记得在南口上中学时，有人借给我几张塑料唱片。我兴奋地跑到学校团委的广播室，把唱片一放，然后跑到学校操场上去听喇叭里传出的由盛中国演奏的小提琴曲《新疆之春》和《红太阳光辉照炉台》，此外还有大提琴独奏曲《萨利哈最听毛主席的话》。操场上没有人，校园里的喇叭绝无音响效果可言，我却完全陶醉在音乐的美妙世界里。改革开放后，广播里开始播放一些西方古典小提琴曲。有一次，北京广播电台要放一首奇普里安·波隆贝斯库的《叙事曲》，可播放时间是凌晨两点。我就给自己上了闹钟，半夜起来收听收音机里播放的《叙事曲》。

刚移民澳洲时，我每星期六上午都会看电视10台的“流行音乐前40排行”节目。我被新音乐深深迷住了。也许是早年拉过小提琴、在大学弹吉他唱歌的缘故，音乐是我生活中不可或缺的快乐。可有一天我在开车时，流行音乐台前10排行歌曲我竟一首都没听过，也不喜欢。突然间，我意识到自己可能过了那个年龄段了。人们说，对不同音乐的好恶，是区分年龄的一个标志。这些年，我走到哪儿，都跟朋友在一起弹吉他唱歌，或唱卡拉OK。不少朋友鼓励说，我唱的英文歌是他们听过的中国人唱英文歌里最有味道的。我有一个梦想，将来出两张唱片：一张英语歌，另一张是中文歌。如果能用我的歌声表达对生活和音乐的热爱，能给听众带来享受，我会非常开心的。

我计划去哈佛大学读一个高级管理课程，以弥补我在经营、管理大企业方面知识的不足。

与亚太集团董事格兰特（2003年）

## 自由畅想
# 全速前进

许多人不愿承担责任，把不成功归罪于社会或他人。

悉尼电视7台有个时事节目，凭借为不幸之人鸣不平而著称。有天晚上，屏幕上有位澳洲大汉，满脸愁容，身边站着四个同样一脸愁容的孩子及双眉紧锁的妻子。这名男子抱怨，每周交完房租后手里仅剩下两百澳元，无法养活妻儿。他抱怨政府及社会对他帮助不够。观众看到这情景，可能会对这家人感到强烈的同情，甚至为他们感到愤愤不平。我也同情他们的处境，但我要是他，既然已经决定娶妻生子，就会竭尽全力承担起照顾他们的责任，哪怕需要去打三份工，甚至五份工。我不会每天晚上坐在沙发上看电视，还张口向政府、向社会要钱。

1998年，我们的儿子出生了。当时，妻子小叶决定放弃一年十五万的收入，做全职太太，尽心去照顾孩子。我当时对她承诺，今后不会让她再为赚钱而发愁。一个人要成功，必须要勇于承担责任。

生活中有两种人。第一种，我称之为“普调型”，或“CPI型”（即消费指数型）。他们每年的收入、资产及生活水平基本按通货膨胀递增，也就是说，没有什么提高。另一种人是“螺旋型”。他们的生活依自身的愿望及努力而不断提高，心想事成。

美国石油大亨、亿万富翁H.L.亨特曾说，人要成功，只需做三件事：一、你自己决定在生活中要什么；二、你决定需要付出什么代价；三、你去付出这些代价。

由于大部分人不知道人生中的一切都是自己要来的、争取来的，这个决定完全在于自己，因此，他们让政府、社会、上司、家人及朋友来决定他们在人生中的地位。其实，每个人都可以成功，甚至集大成。

和亚太成功学院墨尔本首批学员（2008年）

与亚太集团董事格兰特、苏珊·安德森及St.Leonards、总经理徐明

亚太集团悉尼董事、总经理陆凌雪和她先生Allan Zhong在他们的宾利前

其实，赚钱本身并不是目的，只是我们实现某些人生理想的一种手段。不想多挣钱的人很难挣很多钱。澳洲新富，曾于2008年高居二百富豪榜榜首的铁矿大王安德鲁·弗罗斯特也说，他对身居富豪榜首毫无兴趣，但他身价最高时曾达一百二十亿澳元（七百多亿元人民币）。他仍开着旧奔驰，手戴金劳力士表。他所创建的铁矿公司专门向中国的钢铁公司出口铁矿石，打破了BHP和Rio Tinto两大世界级矿业集团对铁矿石出口的垄断。

一个人活在世上，应该知道哪些事情对你重要，特别是当你肩负对他人的责任时。我二十五岁结婚，前十年没有要孩子。因为我想要自己的家庭住在高尚安全的地区；我想让孩子得到最好的教育并生活在稳定的环境中。如果你不去想这些，一切全凭侥幸，那你的结果将截然不同。

有人跟我说："周华，你很幸运！因为你来澳时没有语言障碍。我要是有你的英文水平，我今天的结果也不会差。"

那当地人呢？所有在澳洲出生的人从小都能讲英语，但成功者究竟还是少数。虽说很多澳洲人都有房有车，也能出国旅行，但绝大多数澳洲人财务上远非自由。

> 人的大脑就像一个卫星导航器。只要你把目的地输进去，它总能把你带到你想要去的地方。要想早点儿到达或少走弯路，你的目标越具体越好。

关键是要有目标，要有很清楚的人生定位。人的大脑就像一个卫星导航器。只要你把目的地输进去，它总能把你带到你想要去的地方。要想早点儿到达或少走弯路，你的目标越具体越好。中国人常讲的"心想事成"，大概也是这个道理。

"阿里巴巴"创始人马云曾说，有朝一日，他要一天挣一百万。后来，他又说，要一天交一百万的税。曾有人讥笑他说大话，但他做到了！比尔·盖茨在早年也定过一百万的目标。尽管他的家庭富有，可他立志在三十岁前赚第一个一百万。后来又把目标调整到二十五岁之前赚第一个一百万。

要想有一个成功的人生，就必须有非常明确的奋斗目标。这样，每天早上醒来，都充满活力，每天的工作，都成为实现目标的重要一步，成为描绘美丽人生图画的重要一笔。而生活中许多人并没有明确的目标，更没把目标写下来天天看，因而不论如何努力，结果甚微。就好像一场足球赛，如果球场两边没有大门，二十二个人拼命踢九十分钟，会有结果吗？

三样事会使人幸福：有人爱，有事做，有所期待。我们多数人都有人爱，也能有事可做，可许多人缺乏可期待憧憬的东西。也就是说，除了一些近期的，比如周末和朋友家人聚聚，诸如此类的事以外，他们不清楚一年、三年、五年之后，他们的人生会如何。当他们展望今后五年、十年时，眼前一片迷茫。

很多人不愿给自己定目标，是因为不愿给自己压力。他们怕万一达不到目标，会倍感沮丧。

可这其中的秘密在于，一旦定下目标，只要努力，永不放弃，你终究可以达到目标，实现梦想。至于花的时间可能比预计的长一些，这又何妨？如果每个目标都能如期达到，那么你的目标或许定得太低了。

另外，成功是个过程，而非一个点。因此，我们要学会去拥抱这个过程。爬到山顶时，我们领略的景色是一样的。花的时间长短，不是最重要的。最重要的是要上去，不要呆在山下或半山腰。当你成为百万、千万、亿万富翁，或在其他领域达到巅峰时，没人会因为你花的时间长了而笑话你。正相反，全世界的人都会为你的成就而欢呼雀跃。

> 我在事业上最大的快乐就是，不论走到哪里，都能以积极的心态去鼓励和影响很多人，让他们看到希望，启发并激励他们去大胆地追求自己的梦想，并为他们指出一条通向美丽人生之路，帮助他们使自己的生活得到极大改善。

人生中可享受的东西太多了。我在事业上最大的快乐就是，不论走到哪里，都能以积极的心态去鼓励和影响很多人，让他们看到希望，启发并激励他们去大胆地追求自己的梦想，并为他们指出一条通向美丽人生之路，帮助他们使自己的生活得到极大改善。从中，我真正感到了帮助他人的巨大喜悦。每天我都觉得，自己是最幸运之人。

如果你目前面临生活或事业上的挑战，不要灰心。因为一切都是可以改变的。作为人，我们每天都翻开新的一页。不论昨天如何，它已经永远过去了。我们可以用今天的行动去开创明天的美好！

当我刚进重点高中时，面对那么多尖子学生，我没有气馁，而是靠全神贯注和汗水，在三个月后考到文科班第一名。刚进北大的时候，我意识到自己不但外貌平平，在英语水平和文学修养等许多方面都无法与那些来自全国各地的优等生同日而语。但我同样没有放弃，而是静静地以我惯常的方式去努力，用我的真诚去对待每一个人，大胆自信地去追求自己的兴趣爱好。结果，大学四年级时，发生了一件让我意想不到却令我非常感动的事。

那时候我经常参加很多活动，有一天突然感冒发高烧。同宿舍的同学推着自行车把我送到了校医院。我们从校医院回来以后，先是住在与我们相邻的三十五楼的同班女同学为我送来了鸡汤。过了一会儿，同年级德语专业的贺小雷和他的女友高朗也来了。我和他俩代表西语系，在北大乒乓球比赛团体赛中进入了决赛，第二天就要和实力比我们强劲的生物系一决冠亚军。高朗以前是八一队的。他俩安慰我说："周华，你好好养病。明天咱们索性弃权，反正也是亚军。"没过多久，同班的黄晓东、游翼等同学也来看我。他们和我都是系足球队的。那两周，北大正在举行足球比赛。黄晓东说："周华，你得赶快好起来。咱们队还指望你呢！"足球队友还没走，西语系话剧团的同学也过来了。那个月，我和同班的王强与七九级的徐淳等同学正在排练英国剧作家品特的现代剧《The Collection》。最后来的是八一级英语专业的一些同学。当时我正和同班的王建光一起，帮他们备战学校举行的歌咏比赛。发生在这一小时之内的事情令我万分感慨。刚进北大的时候，我是个十足的无名小辈。可四年后，我的感冒竟会牵动这么多人！这让我体验了做人的价值，也让我对未来更加充满信心。只要你努力，就一定会有结果！

刚上北大时，我很喜欢跳舞。有一天，生物系在学五食堂举办舞会，我也去参加了。由于没带舞伴，只能壮着胆子，去邀请舞会上的女生。看到一位身材高挑、气质不凡的女同学在一旁站着，我鼓足勇气，上前邀她跳舞。她说不会跳，拒绝了我。过一会儿，我看到她和一位高大英俊的生物系男生翩翩起舞，不禁感到自惭形秽。几年以后，我是北大西语系学生会的文体委员，新年时负责组织舞会。那一次来参加舞会的许多女生都打扮得很漂亮，可惜大多数男士都不敢主动邀请她们。我除了会华尔兹、快四步、慢四步之外，还会跳探戈和迪斯科，同学们有时管我叫“舞棍”。看得出，不少女同学都希望我能邀请她们。但作为文体委员，我觉得自己还是应该先去邀请那些相比之下不太漂亮的同学。女同学们期待的目光让我意识到，其实身高、长相不一定是一个人在生活中取得成功的最重要的条件。相反，性格、内涵、幽默感及真诚所带来的人格魅力，可能更具有吸引力。

刚到澳洲的时候，没有钱，没有身份，没有现成的机会，前途看上去真是一片渺茫。澳大利亚根本不知道我是谁。我的存在与否，在当时可以说无足轻重。就是由于努力了，使我如今得以荣幸地被澳洲前移民部部长雷铎视为“一位非凡的澳籍华人”。我住在悉尼北岸一个十分优美高尚的住宅区；出差时在澳航贵宾室休息，时常与当地政要、电影明星、歌星及商界领袖毗邻而坐。

这些经历都证明了，无论今天处在何种境地，你都可以变得更好。今天的努力终将带来明天的结果！新东方创始人俞敏洪的经历更清楚地证明了这一点。刚入大学的时候，他的英语和其他条件在所有同学当中远非最好。可如今，他是我们大学同班同学里最成功的人士之一。

有人说我幸运，也有人说我命好。我承认。但这并不等于说我相信自己可以坐在那里等待天上掉馅饼。我之所以命好，是因为我相信，人生中一切都是可能的，只要敢于梦想，只要肯付出努力，明天一定会比今天更加美好。

有人说我幸运，也有人说我命好。我承认，但这并不等于说我相信自己可以坐在那里等待天上掉馅饼。我之所以命好，是因为我相信，人生中一切都是可能的，只要敢于梦想，只要肯付出努力，明天一定会比今天更加美好。1991年刚来澳洲，当三万年薪被认为是较好的收入时，我竟然相信，有朝一日，我能岁入百万。如果说这就是命，那我的命可真是太好了！

人与人之间相处时，有些人常常把别人往坏处想。我总是把别人想得很好。由于我带着一颗坦诚的心去面对每一个人，人们很快就把我当作朋友一样去信任。在我的心中，我真觉得每个人都是平等的。因此，在同任何人接触当中，我永远不卑不亢，从没有优越感或自卑感。在同别人交往的时候，当你心里真正尊重对方时，对方能感觉到。可当你从心里不尊重对方时，不论你嘴上怎么说，对方也能感觉到。要在生活中成为举足轻重之人，一定要学会同人打交道，特别是要学会尊重他人。

也有人问我，在澳州生活这么多年，有没有遇到过种族歧视。我说，从来没有过。随着中国日益繁荣富强，海外华人的地位也越来越高。但我不仅是个中国人，也是人类的一员。我每天尽量对我所遇到甚至擦肩而过的人微笑，尽可能帮助、鼓励每一个人。只要你有自尊同时也尊重别人，不论你是中国人、韩国人、阿塞拜疆人还是澳洲人，都会得到他人的尊重。有些朋友虽然身在澳洲，却拒绝学习英语，拒绝了解当地文化，那你如何指望得到当地人的了解和尊重呢？还有一些朋友，可能觉得自己比别人挣的钱多一点儿，地位高一些，甚至可能长得漂亮一些，就会感觉高人一等，不需要尊重他人，那你怎么会得到别人的尊重呢?

人生最大的智慧是自知；人生最大的愚昧是自弃。不管别人如何评价你，你不可能比你实际更好或更坏，但你总可以变得更好。真正成功并充满自信的人靠抬高别人，来使自己感到更好。缺乏自信，半瓶子醋的人靠压低别人来得到一时的良好感觉。

在澳洲这些年里，由于在国内打下的语言、文化基础，在美国留学时的环境熏陶以及对澳洲政治、经济、文化、地理和风俗的喜好，我经常会同当地人，包括新旧移民讨论体育、音乐、政治事件、股市、土著人等彼此都感兴趣的话题，因此得以深交不同行业的许多朋友。他们因为我是中国人却尊重并关注所在国以及其他国家的文化，而尤其尊重我。另一方面，既然我已经选择移民澳洲，我过去曾经如何就变得不重要了。中国人说："好汉不提当年勇。"既来之，则安之！我时常告诉自己，没必要患得患失。

我热爱中国。她给了我生命；给了我健康成长的环境和土壤；给了我各种受教育和为国效力的机会。我从心底为祖国的繁荣昌盛而自豪。我也热爱我的第二故乡澳大利亚。她给了我一个均等的机会去追求自己的梦想。我和小叶移民来这里的时候身上只有四千澳元，没有任何关系，没有任何当地的学历、工作经验，这个国家却给了我们安居乐业、实现理想的各种机会。对此，我充满感激！澳大利亚给每个人提供了一个安全、稳定、优雅的生活环境，为每个立志成功者提供了平等的机会。在这个法制社会里，你不需要拉关系，走后门，只要你遵纪守法，按照游戏规则做事，每个人都可以谱写自己的成功篇章。

目前在中国，虽说人情关系在商场及成功进程中仍起着比较重要的作用，但靠批条子、走后门拿项目的时代正在逐渐成为过去。新一代企业家、立志成功者可以凭借自己的打拼，去开创一个美好的未来。我真羡慕生活在今天中国的年轻人。随着中国在国际上政治经济地位的不断上升，以及中国飞速的经济发展给每个有志者提供了前所未有的成功机会，只要你有梦想，又愿意为自己的梦想去不懈奋斗，成功就会展现在你眼前。

有人说，澳洲是梦想家的乐园。刚移民澳洲时，我常去名贵车行看车、试车。奔驰、宝马、奥迪、劳斯莱斯、保时捷、法拉利及宾利我都试过。说实话，当时去试车有点儿浪费销售人员的时间，因为当时我并没有钱买这些车。但我知道，有朝一日，我一定会回到这些车行来买这些车，以补偿当初他们在我身上花的时间。

早年，我每年都去悉尼国际车展参观。我的有些朋友不愿一起去。他们说："有什么好看的？看完了又买不起，那多难受啊！受那个罪干什么？"每次去车展，我都在自己喜欢的车前拍照，然后把照片贴在家里的冰箱门上，希望有朝一日能买一辆。现在，我每年都被宾利、宝马及奔驰车行邀请，作为贵宾参加车展开幕前的鸡尾酒会。然后，在公众进入大厅前，率先参观自己喜欢的新款汽车，不再需要排队买票，更不需要拥挤了。刚到澳洲时，车展真的只能看了，我几乎什么车都买不起；如今，我可以随意选择。

我想一再强调的是，一定要大胆梦想。只有敢想，才能敢干。2010年，亚太集团请澳洲最有权威的房产数据公司Residex总裁爱德华到墨尔本与我同台演讲。策划期间，我们定下一个请四百人到场的目标。由于有了目标，从市场宣传力度、场地租用到团队工作布置和期待方面，都是按四百人准备的。结果，当天整四百人到场。我事后对墨尔本分公司总经理边兰说："坏了，我们当初应该把目标定在八百人！"如果一切按八百人去策划和实施，我们肯定会吸引八百人到场。

这其中的奥妙在于，如果真有人在倾听我们的心声，既然人可以心想事成，你要什么，生活就会给你什么，那你一定要把手举得高高的，声音大一点儿，多向生活要一点儿，千万别太客气。可是，光把手举高还不够，还必须勤奋。还有一个奥妙就是，要有一个好的生活伴侣，一个能分享你的希望、理想并无条件支持你、鼓励你的伴侣。融洽和谐的夫妻（或男女朋友）关系，可以给你的奋斗带来三倍的力量，而不和谐的夫妻关系会使你的成功大打折扣。

> 既然人可以心想事成，你要什么，生活就会给你什么，那你一定要把手举得高高的，声音大一点儿，多向生活要一点儿，千万别太客气。可是，光把手举高还不够，还必须勤奋。

我的妻子小叶不仅漂亮、聪慧，而且十分有才华，非常能干。当初我们一起做生意时，她就很成功。不论做什么，她都能做得很好。她曾是澳洲最出色的中英文翻译，曾为前国家主席江泽民和胡锦涛到访悉尼时担任翻译。她很有独立性，又能吃苦。这些年，她对我的事业一直无条件地支持，从未给我泼过冷水。当我们的儿子虎子出生后，考虑到总要有人顾家，小叶辞去在一家有线电视台的节目主持工作，决定当全职太太，尽心尽力照顾、培养我们的孩子。上世纪80年代就曾有国内的制作公司邀请她演电视剧。她本来可以成为一名电视明星，甚至电影明星，但她却牺牲自己的事业，选择去做一位最好的母亲。对此，我永远感激她。我今天在事业上的收获绝大部分应该归功于小叶的支持和她对我的信任。全世界的人都可以拒绝我，挑战我，但只要有小叶的信任，我什么困难都不怕，都能克服，什么事都能做成。

我们已经结婚二十八年，不光是夫妻，还是朋友。1991年移民澳洲时，我曾向她保证，将来要送给她一幢百万澳元的别墅和一辆奔驰跑车。这并不是空许愿，也不是白日梦，而是一种无条件的承诺。如今，我能做到的要比当初承诺的多得多。

当初来澳时，我有三个梦想：第一，成为一个有价值的居民；第二，找出一条大陆华人移民在澳成功之路；第三，一旦找出这条路，就跟许多华人移民分享，帮助他们在澳成功。

我不认为自己特别聪明，但我也不笨，而且从不惜力。在北大读书时，我联系上了我从中学时代就非常崇拜的那位教过我们半年英语的

银婚二十五周年纪念（2012年）

徐老师，并向他请教如何才能进一步提高英语水平。徐老师教我，一定要靠大声朗读和重复的方法，来提高听力和口语能力。徐老师一直对我的勤奋赞不绝口，可不知道为什么，他总认为我不够聪明，甚至挺笨。他经常告诉我："周华，你脑子比较笨。"尽管我从小学一路到大学都是学习尖子，对自己的学习能力也极有自信，可听徐老师说我笨听多了，我竟然开始相信他的话，也认为自己笨。幸亏我这个人从不气馁，即使自己笨，也会笨鸟先飞。徐老师对我的这种看法反而变成我更加勤奋的动力。我们在人生中有时会过于相信他人对于我们的判断和评价。有时越是和我们亲近的人，我们就越容易听信他们的话。可万一他们说错了，我们又听了，那可就损失大了！所以，我们一定要努力去发现自己的各种潜力，寻找各种有利于我们发展的机会。威廉姆曾对我说，他早年得到的最差劲的忠告来自他最爱戴的父母。父母是出于好意和爱，但无意当中却以爱护孩子为名，把自己的无知和保守强加给了孩子。

有一次，我和好友彼得及他的两个儿子一起喝咖啡。当谈及悉尼房产市场时，彼德对他两个上中学的儿子说："由于房价越来越高，你俩长大后会买不起住房的。"这样的话最具伤害性，千万不要对任何人讲！这两个孩子才十几岁，未来充满了各种可能，怎么会买不起住房呢？应鼓励孩子去大胆梦想。在我成长的过程中，我父母，特别是母亲，为我做的最好的事就是鼓励我去自由梦想。尽管"文革"期间我的有些梦想很天真，甚至不现实，她从来没有给我泼过冷水。母亲总说："小华，只要你学好，做什么妈都支持你！"如今，我也鼓励我的儿子、女儿去自由地梦想。我时常告诉他们，只要刻苦，他们将来在生活中想要什么，就可以有什么。

2008年发生在全球的金融危机令许多人的资产严重缩水，也使许多人对世界金融系统信心大失。毫无疑问，我们经历了一段少有的困难时期。不少大小公司纷纷倒闭，成百万、上千万的人失业。我为那些因固定资产缩水而不能按时退休的人，深感遗憾。

2007年5月至2008年9月间，我在股市也损失了很多钱。但由于我的资产多在澳洲房地产上，股市上的损失虽惨重但无大碍。我当时就相信，股市到一定时候会反弹。从2009年3月最低点到现在，全球股市都出现了极大的反弹，有些国家的股市几乎比最低点翻了一番。每过若干年，全球就出现一次经济衰退。自由企业制度进行改革、整合，吐故纳新，并从上一阶段的错误与极端中走出来，以新的面貌走进另一个周期。如果你自营生意，而你的企业经营良好，你应该不用担心，但要较平时更注重现金流和成本。

由于金融危机，地产投资者在向银行借钱时可能要比前两年更难一些。但我仍然认为，住宅地产是人们建立财产支柱的最坚实的地基。只要你采取长线思维，只买优质房产，十年后，你的投资肯定会有好的回报。

亚太集团在这一过程中仍稳固发展。对此，我心怀感激。在金融风暴席卷全球之际，我们放慢了扩展步伐，集中资源巩固地盘，加强公司的制度与操作流程。每天踏进公司的写字楼，我都感到自己很幸运。这么多有才干的人本可以到其他公司去效力，可他们却选择了亚太集团。澳洲的自由企业制度和我们的团队使我更有信心，继续追求把亚太集团建成价值十亿甚至百亿公司的梦想。

我在澳洲奋斗的这些年中，给人的印象似乎是，我一直在追求财务方面的目标。可事实上，挣钱从来不是我努力奋斗的动力。我所追求的是钱能给我的同仁、我们的客户以及我的家人带来的方便及好处；成功地实现一个又一个目标给我带来的巨大的满足感与成就感。

挣钱从来不是我努力奋斗的动力。我所追求的是钱能给我的同仁、我们的客户以及我的家人带来的方便及好处；成功地实现一个又一个目标给我带来的巨大的满足感与成就感。

我的哥哥、姐姐都非常有才情，也很勤奋。他们也都为自己各自打下了一片成功的天地。大哥周刚是首都师范大学历史系教授、博士生导师，是国内研究美国西部开发史的一位知名学者，出版过许多论文及专著。二哥周勇1978年从部队转业后一直在新华社工作，他从一名报务员开始，如今已经成为社里的一名领导。姐姐周健在首都经贸大学研究生部工作。

过去几年里，我经常回国看望年迈的父母。2008年母亲重病期间，我曾每月回京一次，探望她老人家和父亲。母亲在世时，我每天都给她打国际长途问安。2001年，我请父母再次来悉尼探亲。这期间由我出资，在哥哥、姐姐的帮助下，把父母在部队干休所的房子全面装修，以便他们能在更舒适、更温馨的环境中安度晚年。母亲住院期间，我们兄弟姐妹在医院附近租了一套房子，把父亲从南口接过来住。母亲出院的时候，也曾住在那里。这样做，一方面是为了让父母在北京市内有一个自己的环境，同时离哥哥、姐姐家更近一些，更易于照顾两位老人家。母亲在世的时候，这样一种安排让我这颗游子之心多少感到一点点宽慰。

很多人比我更成功，更富有，我并不觉得自己在事业上已经取得了最好的成绩，但我一直会一步一个脚印地向下一个目标奋进。我之所以写这本书，是想鼓励更多的人去大胆追求自己的梦想。实现人生理想不仅可能，而且值得。

有个朋友用电脑做了个假《时代》周刊的封面，把我的照片印上去，还在封面上加了一行字："中国最富有的亿万富翁——周华。"我一方面十分珍惜他的好意，同时又出于好玩，就把这个假《时代》周刊封面贴在书房墙上。结果，这被七岁的女儿弗洛伦萨看到了。她以为这是真的，有一天问我："爸爸，您已经是最富有的亿万富翁了，为什么还那么辛苦？"

我回答说："亲爱的，也许将来有一天爸爸会成为这样的人，可现在还不是。所以，我还要努力工作。”说完，我想，这事也就过去了。

我女儿喜欢吃甜食，每次在加油站，我都会给她买块巧克力，并在送她上学的路上给她吃。有一天我打电话回家，跟她说：“弗洛伦萨，爸爸给你买巧克力了。”

我想，她听了一定会很高兴。没想到她却说：“爸爸，您以后不要再给我买巧克力了。”

我问：“为什么？你不是最愿意爸爸给你买吗？”

第二天送她上学的路上，我问她：“亲爱的，你真的不要爸爸再给你买巧克力啦？”

她点点头，认真地说：“是的，爸爸。我不再要巧克力了。这样，您就可以多攒钱，早点儿成为中国的亿万富翁。”

我的弗洛伦萨还小，不知道靠节省买巧克力的钱是不能成为亿万富翁的。她或许还不懂得，成为中国首富，更不是她爸爸的目标。她最好知道，她的爸爸最想做的就是，一定要把亚太集团建成一个百亿公司！不论花多长时间，她的爸爸一定会做到的！

为什么不呢，我的弗洛伦萨！

和小叶在悉尼港湾共进晚餐

# 最新报道
# 快进2015年

光阴荏苒！一晃我们已经到了2015年。世界和我的人生都有了很多变化。金融海啸后，美国经济已经复苏并出现了强劲的增长，中国经济在持续三十年增长后放慢了脚步，澳洲资源经济也结束了二十年的繁荣。移动互联网给地球人的生活带来了方便，颠覆了人们的生活方式。苹果成为世界上最有价值的公司，脸谱、推特、优步、小米、Airbnb等极酷的创新企业横空出世。微信成了全球华人每日交流和自我表达的媒介。马云带领阿里巴巴在纽约高调上市。俞敏洪一方面带领新东方创新，与时俱进；另一方面成立了风风火火的洪泰基金，为全民创业潮中的“潜力股”企业投资，组织资源。

我们的老父亲周鸿昌不幸于今年2月23日（农历大年初五）凌晨1点55分在睡梦中悄然辞世，享年九十三岁。父亲走得如此匆忙，如此坦荡，如此平静，如此安祥！他没留下一句话，却给我们留下了无尽的悲伤。

母亲2008年离世后，一向开朗健谈的父亲变得安静了，很少说话。我知道他非常思念我们的母亲，他的老伴。母亲走后，每年我都回国几次去看望老爸，他的话都不多，除了问问我两个孩子的近况，几乎不再说话了。有时他望着妈妈的照片沉思，有时捧着我那本《从自行车到宾利》的书不语。

今年大年三十，我到北京和他老人家及哥哥、姐姐们过春节。平日我回国都住酒店，可这次我就想住在爸爸家里，和他及哥哥、姐姐重温早年全家人住在一起过春节的快乐与温馨。看着老爸能吃能喝能玩儿能睡能动，我们都感到特别幸福！我们相信他能活到一百岁。

妈妈在世时爸爸经常挂在嘴上的话就是：活到九十九，北京走一走。

回到悉尼后才一天，2月22日一大早，我的手机就有两个未接来电。我除了纳闷何人那么早给我电话之外，没有多想。紧接着，姐姐周健给我发了个微信说：快回电话，爸爸不好了！我匆忙打电话给姐姐，她泣不成声地告诉我，老爸凌晨1点已在睡眠中离世。前一天爸爸还好好的，没想到他竟然这么潇洒地走了，去找我母亲去了。他走得太突然了，我们大家都非常悲痛。可一想到他临终时没有遭受任何痛苦，又是去和我们的母亲团聚了，我们又感到有些欣慰。

父亲戎马生涯七十三载，南征北战，荣立二等功两次、三等功六次。抗战时期，他参加了平原禹城战斗，消灭板垣师团古川部队；解放战争时期，他参加了解放滨县、解放德州、鲁西讨李战役、沧青战役、昌维战役、三打邹平、四打寿光、浦台北镇黄河阻击战，他还率部参加了淮海战役、渡江战役，打济南、战上海；朝鲜战争时期，他参加了最为残酷的二次战役、五次战役和金城、金化阻击战。在建国十周年大阅兵时，作为坦克方阵的副总指挥，他在天安门前接受毛主席的检阅。

九十二岁的老顽童爸爸

我们没有要求组织给父亲写生平，因为父亲根本就不需要。他一生居功不傲，淡泊名利，光明磊落，胸襟坦荡。我们从他身上学到了许多做人之道。我们为有这样的父亲而骄傲！

我和小叶已经结婚二十七年了。小叶把两个孩子培养得极为出色，她自己也开始更深度地参与各种慈善事业，同时还在筹划我们家庭慈善基金的项目内容。我的儿子——虎子小学毕业后以优异成绩考取了悉尼最佳男子私校——Sydney Grammar的全资奖学金，如今马上就要进入高三，准备高考了。

记得五年前我带着虎子去学校参加奖学金的考试，操场上站了好几百考生。其中绝大多数都是黑头发的亚洲人，气氛相当紧张。因为他们要竞争的奖学金名额最多不超过二十个（还不一定全数发出，要视学生考试成绩和面试结果而定）。和中国一样，悉尼华人家长为了让孩子占足优势，经常在课外给孩子报各种补习班，包括专为考取奖学金而设的补习班。还有家长让孩子多考几个学校，哪个学校能给全资奖学金，就把孩子转到哪个学校。Sydney Grammar是悉尼最好的男校，虎子从幼儿园起就一直在这里就读。我和小叶早已决定，不论他能否考取奖学金，都支持他继续读下去。不像有些学校一味注重学习和考试成绩，Sydney Grammar更注重对孩子的全面培养。除了学习优秀外，那里的学生多才多艺，学校培养他们德智体全面发展。虎子从未参加过补习班，面对那么多竞争者，未免也有些紧张。我安慰他说："虎子，你要相信自己的实力，只要正常发挥就行了。万一没考上奖学金，爸爸妈妈送你一份奖学金。只要你喜欢在这个学校读书，你就在这儿读书。"

考完试出来后，我问他考得怎么样，他面有难色地说："估计我是没希望了！考试当中我鼻子流血了，数学有一道题没有做完，英语作文也没有写完。"我知道他一直是学校的尖子学生之一，具有相当的实力，就说："没事，虎子。如果他们的要求是必须做完每道题，那可能你就得不到了。但如果他们还考虑你考试内容的质量和你的综合实力，那你还是有希望的。不过，不用担心。无论如何，爸爸妈妈都会让你上Sydney Grammar的。"令人高兴的是，尽管没参加过补习，尽管考试中有些题他没做完，虎子还是收到了面试通知，并最后赢取了全资奖学金。我们为他感到自豪。

女儿弗洛伦萨如今已经十五岁，出落成一位美丽动人的大姑娘了。她从幼儿园起，就在悉尼著名女子私校——PLC就读，多次获得过音乐奖学金。她极度聪明，为人善良，性格腼腆，知道体贴人。我经常对她讲：“女儿，聪明人如果不努力，将来很难有大的成就。你一定要刻苦努力！只有努力和汗水，才能给你带来一个美好的人生！”

美国一家机构曾就成功的重要因素，对两千名千万富翁展开调查。结果，考高分、上名校处于最不重要的位置，而排在前五个最重要位置的是：诚信、自律、比别人更勤奋、与人交往的能力和有一位支持你的配偶。

当他们考出了班上或年级第一的好成绩时，我在肯定他们的同时，总是强调将来影响一生的不是考分，而是其他一些更重要的因素，比如诚信、领导力、与人交往的能力和坚持做对他人有价值的事。

我从来不要求我的两个孩子追求高分。当然，考分是孩子对学习内容理解和运用的能力表现，但并不一定是他们总体实力的表现。我也希望他们追求第一，培养追求第一的习惯并为之付诸努力，但当他们考出班上或年级第一的好成绩时，我在肯定他们的同时，总是强调将来影响一生的不是考分，而是其他一些更重要的因素，比如诚信、领导力、与人交往的能力和坚持做对他人有价值的事。

虎子和弗洛伦萨都具有较高的音乐才能，除了都弹钢琴外，虎子还是位非常优秀的巴松手，弗洛伦萨还擅长双簧管的演奏。他俩都是悉尼青年交响乐团的成员，虎子还于今年7月份随澳大利亚青年交响乐团在悉尼歌剧院演奏了柴可夫斯基和德彪西的交响乐，弗洛伦萨今年6月随学校管乐队到日本巡回演出。

我由于事业经常出差，但不管在哪里，我每天都会和孩子通话，交流，让他们知道我心里想着他们。我时常会告诉他们，爸爸之所以经常出差，是为了帮助其他地方的哥哥、姐姐，叔叔、阿姨。他们对此都非常认同。同时，我们也有意识锻炼他俩在思想、感情和生活能力上的独立性。

2015年9月6日父亲节，他俩都给我送了贺卡。

Dear Dad,

Happy Father's Day!!

You've tirelessly hard-working and dedicated to your work, yet you always take the time to show how much you love and care for us, and it means the world, we couldn't ask for a better Dad. :):)

Love, Tiger

亲爱的爸爸，祝你父亲节快乐！

虽然那么不辞劳累地工作，尽职尽责，可你总是抽出时间爱护我们，让我们感到你是多么地爱我们，我们都特别感动！

你是世界上最好的爸爸！

爱你的虎子

亲爱的爸爸，祝你父亲节快乐！

希望你喜欢我们今天在音乐会上的表演。

你是一位好爸爸。谢谢你给了我们爱！

爱你的弗洛伦萨

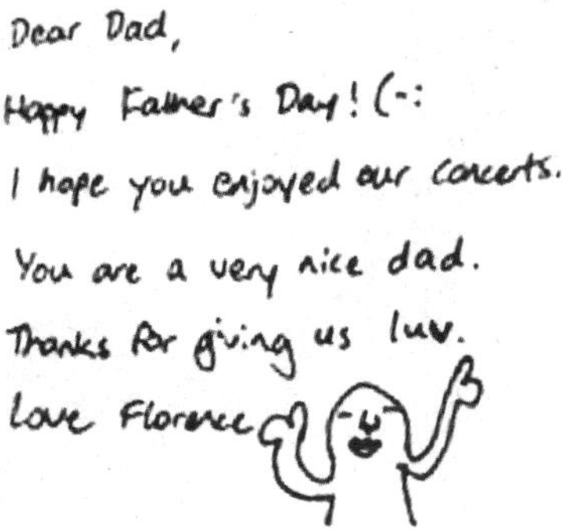
Dear Dad,

Happy Father's Day! (-:

I hope you enjoyed our concerts.

You are a very nice dad.

Thanks for giving us luv.

Love Florence

房产方面，到今年6月止，悉尼的中位价比上一周期的高峰（2003年）翻了近一倍，达到一百多万澳元，悉尼几乎每位有房产的人都变成了纸上百万富翁。墨尔本的房价也在同步上升，虽较悉尼慢一拍，却也会在不远的将来成为澳洲第二个中位价过百万的首府城市。布里斯班、珀斯和阿德莱德，也会在未来步其后尘。

悉尼房市出现了上个周期高峰期卖家和买家几乎一模一样的表

现——开发商拼命抬价，买家争相排队抢购，投资者完全失去了理性。在悉尼的火爆市场，有些开发商受巨大利润和贪婪的诱惑拼命抬价，工程偷工减料，态度变得蛮横无理，甚至为了多赚钱，完全不顾买家的利益，利用合同条款的便利，强行取消购房合同，然后在原有房价上再加十万、二十万，卖给那些一哄而上的新买家，捞取更高的利润。买家在“现在不买，将来就更买不起”的从众心理和恐惧驱动下冲进市场，到处排队，匆忙入市，可能并没有做好长期奋斗的准备。殊不知，要成为极少数的富有者，是一项我们必须靠努力、奋斗、担当、耐心、忍受、时间才能赢来的特权。

亚太集团高级地产策略师Lionel

各种大小房产公司就像股市最疯狂时的股票经纪人一样疯狂叫卖，似乎过了这个村就没这个店儿了，好像房价会永远飙升。就像中国出现了人人创业潮一样，悉尼和墨尔本出现了人人卖房潮。有人开玩笑说，现在悉尼穿西装的人当中几乎一半是卖房子（或做按揭）的。

亚太集团过去几年在悉尼和全澳为数以万计的私人投资客户推荐了数百个精选投资项目。我们与其他公司的不同之处在于，早在2006年成立之时，亚太集团就定位为澳洲乃至亚太地区最棒的房产投资服务平台，而不是一家简单意义上的房产销售公司，并于同年开始在澳洲全国布点。

澳洲各大首府城市的房产升值周期错落不同。悉尼和墨尔本基本同步，布里斯班的周期在悉尼之后，珀斯和阿德莱德与悉尼的周期

亚太集团Burwood分公司年轻的高级地产策略师海宾和宇斯

基本相反。房产投资者需要四到十套投资房产才能得以实现财务自由。根据对澳洲两个房产周期的观察以及多年对投资者的服务经验，如果把投资房集中在某个城市，投资者在该城市房产进入低谷时往往会因失去信念而选择放弃，同时还会失去其他城市房产升值的机会。另外，绝大多数投资者只习惯于买自己所在城市的房产。除非有信任的人或公司并有落地服务，他们一般不会到外省投资。基于这些特点，我们在2006 – 2009年悉尼房市处于低谷期间，一方面积极带领我们的客户在悉尼房产尚未升值前广泛投资，并同时带领他们抓住2007到2009年澳洲其他城市，特别是墨尔本、布里斯班及阿德莱德在金融海啸前曾出现的小高峰而带来的黄金投资机会。

我们在全澳范围内形成的巨大客户网和购买力，为亚太集团在地产界带来了较强的话语权。不像绝大多数公司由于缺乏选择权而愿意代理任何能代理的项目，或只能和少数几家开发商合作（哪怕那些开发商的项目地点不好，比如在忙乱的大路上或嘈杂的铁路线上，或楼盘整体质量低劣），我们有条件挑选开发商并拒绝很多不够优质的开发商和他们的项目。尽管我们有能力独家代理许多楼盘的全部单元，我们最多也只选择代理众多精选楼盘百分之五六十的单元。因为我们知道，再好的楼盘，如果买家都是投资者，会影响其将来的升值。此外，我们只和最优秀、对其项目充满激情（不只是关心做多大、挣多少钱）、最注重客户体验的开发商合作。

投资致富的精髓在于买下并长期持有优质资产。任何人选房时如果只是跟风，或看中的是眼前的小利（如卖方给的佣金回扣、减免印花税、律师费、房租担保等优惠）而买错了区（中、低收入区），买错了地点，买错了楼盘（比如设计普通、质量低劣、开发商偷工减料），买错了时间（比如在房市过热、房价大涨后），可能较难靠房产投资达到财务自由的目的。

亚太集团也开发了一部分项目。有些开发商的直销是有一定局限的：员工只能推销他们自己的产品，客户只能买他们开发的项目，不论地点、质量和价位如何，他们是没有选择的。而亚太集团的开发项目不仅在地点、设计和建筑质量、客户服务及楼下配套底商质量上，都力求最好，而且还会有选择地向客户推荐大量其他优秀开发商的高档作品。

成功投资靠的是前瞻眼光而非事后聪明。近两三年悉尼的房市很热，房价大涨，大小开发商、中介高声叫卖，众多买家既恐慌又冲动地涌向售楼处、拍卖现场或房产中介的办公室。澳洲SQM研究机构的Louis Christopher称：目前市场，There is a lot of fear, there is a lot of greed out there.（市场充满了恐惧和贪婪）。买家的恐惧在于，再不入市，房价可能涨得更高；贪

> 在这种充满恐惧、贪婪、非理性的喧闹声中，亚太集团帮助客户理性地按自身需求和能力，在全澳布局，为十到十五年后的财务自由而镇定地耕耘。

婪则来自于卖家的拼命抬价，毫不顾忌买家的收入和长期还贷能力。这是房产周期临近高峰的一个明显特征。

在这种充满恐惧、贪婪、非理性的喧闹声中，亚太集团帮助客户理性地按自身需求和能力在全澳布局，为十到十五年后的财务自由而镇定地耕耘。

## 悉尼

在2004—2009年近六年多的低潮后，悉尼房市终于从2009年4月开始回升。

过去几年里，在悉尼房价升值前我们就帮助客户在几十个重点战略区域布阵，以较低的价格进入了著名下北岸的Lane Cove、Crows Nest、North Sydney，Northern Beaches的Dee Why，Inner West的Ashfield、Marrickville、Dulwich Hill，西南的Parramatta，北边的Meadowbank，东区近新南威尔士大学的Kingsford，近城的Waterloo，悉尼的三个著名城市再造区Rhodes、Wolli Creek和Zetland，著名内城区Surry Hills，还有临近奥运村的Homebush、 Homebush Bay、Wentworth Point等。

由于入市较早，我们的客户在这些区域的投资都得到了较高的回报。我们的客户投资北悉尼（North Sydney）Walker Street（名街）的高档公寓时一室一厅才四十几万，两室的才六十几万。两年后，许多跟风的投资者才涌入北悉尼，且是在相对忙乱拥堵的Pacific Highway上。这个时候，一室的公寓已接近八十万，而两室的公寓已超百万。

当很多人冲向已有较大升幅的区域时，我们又有选择地在价格大涨前带领客户进入知名小区（Popular and Obvious）周边区域，比如界于Top Ryde、North Ryde、Eastwood之间的West Ryde，界于大家都抢购但房价大涨的Parramatta、Eastwood和Carlingford附近不起眼的Dundas、Merrylands、Granville、North Parramatta以及上北岸最后一个还买得起且被人们大大低估的高尚区Waitara。同一时间里，我们客户在这些区投资的升值幅度都超过了大多数人追捧的知名小区。

与此同时，鉴于澳洲各个首府城市的房产周期是交错的，而投资又是为了解决将来退休后几十年的生计，因此亚太集团不跟风，独家推出了组合性投资的理念，帮助我们的客户在全澳最好的地点、最好的楼盘和新别墅区以远低于悉尼普通郊区住宅的价格抢占最好、最高档楼盘。

早在九年前，亚太集团就开始在全澳布局，我们庞大客户网的巨大购买力使我们在全澳的大开发商面前赢得了较强的话语权。当悉尼的房产公司只能大唱悉尼赞歌、墨尔本的公司只能吹墨尔本的喇叭、布里斯班的公司只能为布里斯班摇旗呐喊时，亚太集团把客户的投资脚步引领到了墨尔本、布里斯班、珀斯和阿德莱德的CBD及重要战略投资地点。

## 墨尔本

澳洲第二大城市。人口增速过去五年超过悉尼，现比悉尼少三十多万，人均收入和悉尼相等，连续五年被评为全球最宜居城市。可墨尔本黄金地段（CBD和市中心方圆五公里）的房价远低于悉尼同等区域，甚至低于悉尼很多的远郊区。

维州政府矢志把墨尔本打造成世界级的超级大都市。墨尔本街道宽阔，交通方便，还有很多街心花园，非常适合居住。当所有可建地用完以后，必是寸土如寸金，房价高涨。

在亚太集团看来，这是我们为客户长远布局的大好时机。我们这几年带领客户率先占领墨尔本最好的地段，如CBD的最佳地段——相当于二十年前悉尼Circular Quay的Docklands，相当于十五年前悉尼达令港的Southbank以及St.Kilda Road、South Yara, Prahran、Brunswick、Abbotsford、Richmond、Carlton、Footscray、West Melbourne等近城区，以及相当于悉尼Chatswood的Box Hill、Doncaster，也相当于悉尼Parramatta的Dandenong。他们投资的都是精品中的精品。我们告诉客户，每投资一套房子，要问自己三个问题：一、如果今天特别有钱，我愿不愿意住在里面；二、如果十年以后特别有钱，我会不会住在这个区、这个地点、这个楼里；三、现在的房价，我买得起、留得住吗？

亚太集团墨尔本墨旗下的开发公司IFD还在华人集中的Box Hill开发了墨尔本市中心以外的最大商住两用楼宇——白马大厦双子座。

## 布里斯班

澳洲第三大城市。人口两百多万且增长迅速，作为风景极其优美的滨河城市，正在成为一个世界级的大城市。历史上，布里斯班的房产周期总是紧随悉尼之后。当悉尼房价大升、很多人买不起时，他们就举家搬到布里斯班，以相当于悉尼一半的价格在布市买下豪宅。还有很多投资者把在悉尼房市上赚到的钱再投到布里斯班。

过去两年中，布里斯班房价开始小幅上升。亚太集团早在此前，就带领客户率先进入布市最好的黄金地段布局。如CBD、South Brisbane、Fortitude Valley、Bowen Hills、Newstead、Hamilton、Kangaroo Point、Woolloongabba、Coorparoo、Nundah 等的最高档公寓，以及具有较大升值潜力的新别墅区的别墅和复式洋房。离市中心仅两公里的Bowen Hills在布里斯班鲜为人知，当了解到政府和私企要花近三百亿澳元改造这个内城区时，我们最先进入Bowen Hills。早在三年前，当另一个著名内城区South Brisbane被评为澳洲前一百名最具升值潜力投资区的第一名时，我们带领客户在该区几个最佳地点提前投资了六个精品开发项目。如今，我们客户投资的Austin不仅获得了今年最佳高层公寓国际大奖，而且随着市场上升和其上佳地点、质量，已经有了较大的升值幅度。此外，亚太集团还带领客户率先进入相当于悉尼东区最名贵的Double Bay和Point Piper的Newstead。这是布里斯班近城最名贵的新区之一，曾于2008年创下了一千四百二十五万澳元的公寓最高价。我们客户投入的Haven不仅坐落在Newstead最中心地带，还吸引了布市最著名的零售品牌James Street买下底楼的全部店铺，也将引进最高档的餐馆、酒吧和专卖店。

## 珀斯

号称全球最孤独的首府城市。由于矿业优势和靠近亚洲的独特地理位置，城市人口近年来迅猛增长，正在经历一个世纪以来最大的城市发展，其中充满着大量机遇。我们在选项时特别注意结合西澳经济特殊性和珀斯城市规划特点，避开高风险地区和缓慢发展地区，关注稳健又有快速变化的地区和好区。矿业繁荣期，我们果断拒绝了所有在Karratha、Port Hedlands矿区的短期高回报项目，帮助大量普通投资者在充斥投机风气的市场中保持冷静心态，保证稳健的回报；同时，高度注重公众投资常识和正确投资心态的普及和培养，引导客户察觉市场的变化趋势，不只是买传统House，不仅局限在珀斯单一市场，而是用多样的房产类型和跨地区投资组合的优势来规避风险、扩大成果和最大限度地借力。

自从2010年珀斯分公司成立以来，我们已带领珀斯客户提早进入充满机会的珀斯内城核心地区、政府大手笔投入的主要开发区（Master Plan Area），如在East Perth Riverside、Rivervale、Stirling、Yokine、Cockburn Central等地，我们投下了一大批租金强劲、性价比高、长期增值潜力大的项目，带领很多华人投资者把眼光投向虽非华人聚居但潜力巨大的当地人聚居区，例如西部、北部和水边区。同时，带领珀斯客人在布里斯班、墨尔本、阿德莱德等靠自身力量难以抵达和难以维护的城市投下了一批精品项目。由于我们高度透明、平等的集团平台和公开上市之前即可VIP进入，很多珀斯投资者远在当地灵通人士得到消息前就从容抢到了最佳机会。

## 阿德莱德

它是一个很容易被投资客户忽略的首府城市。事实上，阿德莱德

和当地市长在海星开发集团阿德莱德项目落成仪式上

多次获得澳洲人心目中最宜居城市的殊荣!

阿德莱德人口也有一百三十万。房市不像悉尼那般大起大落，却一直在增值，非常稳定。这主要是由其可负担的房价和租金所决定的!

由于其房产中价位仅四十二万左右，阿德莱德的租金回报中价位高达百分之四点八左右，远胜悉尼和墨尔本，全澳排名第二，仅次于布里斯班。对于追求可负担性的投资者来说，阿德莱德是一个还未被发现的投资宝地!

2012年，亚太集团旗下的开发公司——海星集团一手打造了高尚社区——St.Clair的Chestnut Ct联排别墅项目。2013年别墅竣工交付，即获得约百分之十九的资本增值! 2014年，海星开发集团又联合国际排名第七的顶级建筑事务所Woods Bagot，打造了阿德莱德CBD最高的地标居民公寓——VUE，轰动全城!

今天，阿德莱德在新任市长Martin先生的带领下，正以积极开放的姿态迎接澳洲洲际乃至全球的投资者和技术移民，阿德莱德房产市场这块珍宝将大放异彩!

2012年亚太集团悉尼项目

2014年亚太集团悉尼项目

2013年亚太集团墨尔本项目

2014年亚太集团墨尔本项目

2014年亚太集团墨尔本项目

2014年亚太集团墨尔本项目

2014年亚太集团布里斯班项目

2014年亚太集团布里斯班项目

2015年亚太集团布里斯班项目

2015年亚太集团布里斯班项目

2014年亚太集团旗下海星开发集团珀斯项目

2012年亚太集团珀斯项目

2013年亚太集团旗下海星开发集团阿德莱德项目

亚太集团旗下海星开发集团在阿德莱德市中心开发的花园公寓Bohem 2015

亚太集团旗下海星开发集团在阿德莱德市中心开发的最高住宅楼VUE 2014

过去几年中，亚太集团按照当初复制成功、分享成功的信念，继续帮助团队成长，把志同道合并在各方面成绩出色且已做好准备的同事变成合伙人，开设更多的分公司，把亚太集团的服务精神和可能性思维带到更多的社区，给更多的人提供就业和成长的机会。

前面提到的陆凌雪女士于2010年在悉尼的博伍德开设了亚太集团在悉尼的第二个分公司，不仅把事业做得红红火火，吸引了各方面的一流人才，还复制了我“从自行车到宾利”的故事。十多年前我去她家介绍房产投资时，她只是拥有普通收入的白领，名下只有两套房产。当时我问她：“你有没有想过住百万的房子？想不想开奔驰？”她说：”我是个很现实的人，只有五万年薪，不去想这些不实际的东西。”我说：“你们现在的收入是不够，但你要是成为我的客户，我会教你赚更多的钱。我刚来悉尼时什么都不会，靠摸索、尝试学会了赚钱。人是有可塑性的。”开始她不信我的话，在接下来的两年中，她的人生基本没变化。后来，他们找到我说：“不想住百万豪宅、不想开奔驰是假话。原来是不敢相信的，但如果你能教我们，我们愿意跟你学。”那年陆女士已是知天命的年龄，如今，她成了悉尼非常成功的企业家，收入早已过百万，早已住上了百万豪宅，名下有数十套房产，代步工具早已从奔驰、宝马换成宾利。她的团队吸引了来自世界五百强的高管、专业人士、自营生意者及青年才俊。她也正在积极复制她自己“从自行车到宾利”的故事，享受帮助他人成功的巨大乐趣。

2010年初，一对马来西亚夫妇从西澳珀斯和我联系，希望开设珀斯分公司，并邀请我前往珀斯面谈。尽管房市处于低谷，可珀斯正处在澳洲矿业繁荣的最前线，我也想亲自去看看市场的情况。一到那里我就发现，那对夫妇不是开设分公司的最佳人选。可既然来了，我就想做点调查。打开当地华人的地产报，一位女士和她写的地产专栏吸引了我。她的名字叫秦晖。我按照报上的电话打给她，说想同她了解一下西澳房市。没想到，她竟邀请我到她家一叙。结果，秦晖以亚太集团珀斯总经理的身份，帮助我们开设了珀斯分公司。2010年8月我第一次去珀斯做讲座，在皇冠赌场的大讲堂举行。听说之前有些公司在华人社区开讲座也就三十来人参加，可这次，大讲堂里竟挤满了三百五十人。过去五年中，在秦晖的领导下，在全体员工的共同努力下，亚太集团成了珀斯华人社区家喻户晓的品牌，还积极影响了许多其他社区。秦晖从当初在家带孩子的母亲，成为西澳华人企业家中的佼佼者，不仅把亚太集团的投资理念传给了当地华人，还向客户展示了亚太集团一流的专业服务。如今秦晖也成了亚太集团的合伙人，还是一名非常成功的房产投资者。

墨尔本博士山分公司高级投资顾问金彦于2011年以合伙人身份开设了St.Kilda分公司，继续书写亚太集团分享成功、分享机会的合伙人制的传奇。他不仅拥有多套投资房产，还通过讲座分享自己的投资经验。他不仅自己进入了百万收入者的行列，还培养了来自不同地区与文化背景的投资顾问。来自中国上海的新移民Phil Fan在金彦的领导下，仅用短短两年半时间就在亚太集团的平台上找到了他事业的第二春，并在St.Kilda团队脱颖而出。他即将前往中国成都，出任铁鱼置业成都的董事、总经理、合伙人。金彦本人还成了亚太开发集团墨尔本分公司的合伙人。

过去几年，随着中国经济的繁荣，许多国人开始考虑和实施全球资产配置，澳洲安全稳健增值的房产成了他们喜爱和信赖的投资场所。亚太集团St.Leonards原总经理徐明于2012年以合伙人身份，携当年集团排名第一的优秀投资顾问陈峥嵘（Joanne）女士前往上海，开设了亚太集团在中国的第一家分公司——铁鱼置业（上海），并开始在中国布局，为中国的广大房产投资者服务。铁鱼置业进中国不是追风，也不是只看重目前国内高净值人士海外置业之趋势，而是做好了长期扎根、长期服务的准备，是亚太集团在全球布局的重要一步。徐明回国之前，我们就作了在中国做第一、做最好的定位，并制定了相关的目标和战略。

和铁鱼上海团队

和铁鱼置业中国总裁徐明

和铁鱼置业中国的徐明、陈峥嵘

和铁鱼北京团队（2016年2月）

和铁鱼置业中国VIP客户张总

和铁鱼深圳董事、总经理朱红艳及铁鱼中国总裁徐明（2016年2月）

和铁鱼置业中国客户郭丽丽

Joanne在悉尼读完大学，进了一家小的房产中介公司。由于她聪明能干又勤奋，很快就成为骨干。与同行比，她也算收入颇丰了，但考虑到那家公司的平台太小，没有太大的发展前景，她于2007年加入亚太集团悉尼分公司，以期在我们这个更大的平台上成长和发展。在上海期间，她作为合伙人、副总，和徐明、朱红艳一起，很快把铁鱼置业的品牌在市场和客户中做响。之后，她希望有更大的挑战，于2014年10月到北京成立铁鱼置业北京分公司，并出任董事、总经理。短短一年多，她与另一位合伙人及副总李秋泽精诚合作，带领团队把铁鱼置业北京做得轰轰烈烈。

铁鱼置业上海一开张，就吸引了复旦大学高材生朱红艳。她不光是女才子，更是一位销售奇才。她配合总裁徐明及副总陈峥嵘，把铁鱼置业上海做成客户极其认同和信赖的品牌。由于小朱业务精良、为人坦诚，受到了广大客户的信任和追捧，不光成为整个集团的佼佼者，还为铁鱼置业中国的同仁作出了成功榜样！本月，小朱作为第一位出自铁鱼置业中国的团队成员以合伙人的身份，出任铁鱼置业深圳的董事、总经理，为铁鱼置业中国在华南布局。

过去两年中，亚太集团还有李秋泽（铁鱼置业北京董事、副总经理），李浩（铁鱼置业南宁董事、总经理），杜宇（亚太集团墨尔本Glen Waverley分公司董事、总经理），Jimmy Yan（亚太集团墨尔本CBD董事、总经理）和Phil Fan（铁鱼置业成都董事、总经理）成了我们的合伙人，他们都是在亚太集团（铁鱼置业）的平台上成长起来的。他们每个人都谱写了证明自己、复制自己的新篇章，用他们的经历证明了一个人在选择事业时

> 一个人在选择事业时必须抓住三点：第一，选对行业（选择一个你喜欢的有发展前景的行业）；第二，选对平台（选择一个既能发挥聪明才智又能学到东西且有机会发展成长的平台）；第三，选对团队（选择一群志同道合、你喜欢与之为伍又能互相促进的团队）。

必须抓住三点：第一，选对行业（选择一个你喜欢的有发展前景的行业）；第二，选对平台（选择一个既能发挥聪明才智又能学到东西且有机会发展成长的平台）；第三，选对团队（选择一群志同道合、你喜欢与之为伍又能互相促进的团队）。

亚太集团的投资顾问团队中还有很多极其优秀的人才，他们都在我们这个具有无限发展空间的平台上走上了人生的新高点。他们日后都有可能在我们的大家庭里担当重任，进入百万收入者行列并找到成就感。他们都是我们亚太集团的骄傲！几年前，我的北大同学于晓和王劲夫妇来澳时，分别参观了亚太集团几个分公司，都对亚太集团的企业文化、人员素质及惊人业绩表示赞赏。我见过的客户、银行经理、按揭代理、开发商、律师等都对亚太集团人员素质之高、之齐整而赞不绝口。

当初我们成立亚太集团时，就有一个在全亚太地区开设两百家分公司的理想。目前，我们在澳洲的五大首府城市开设了八家：墨尔本三家，悉尼两家，布里斯班、珀斯及阿德莱德各一家。我们还在中国的五个城市开设了五家，包括上海、北京、南宁、深圳及成都。我们还要在中国的其他大城市开办多家分公司。同时，还要在澳洲的其他城市、区，亚洲的其他国家比如印度、马来西亚、新加坡、印尼、越南以及北美和欧洲开设分公司。

就像Jim Collins在他的名著《Good To Great》中提到的，世界上所有伟大企业都是在某一方面做到了极致，甚至全球第一。我们原本只想做一个纯粹的房产投资服务商，我一直希望远离房产开发。可在过去几年中，我们逐渐意识到，不是所有开发商都愿意建造优质房产，有些开发商完全不在乎客户体验，被虚荣心和贪婪冲昏了头，不能达到我们及客户的要求。2011年，我们决定开始为我们自己的客户开发一部分住宅项目，既保证质量、性价比，又能改善客户体验。一般开发商很难体会买家的痛点，而我们非常了解。我们在南澳的阿德莱德

白马大厦开盘时与合作伙伴David Deague（2015年）

建立了海星开发集团，由亚太集团阿德莱德董事、总经理戴蒙兼任总裁，负责南澳和西澳的开发业务。短短四年中，我们开发了Town House中密度公寓楼以及阿德莱德市中心最高住宅楼。近期，我们还将和一家上市开发公司合资开发四百套别墅、复式洋房及低密度公寓。在戴蒙的领导下，海星开发集团已成为南澳最大的开发公司之一。作为房产投资服务商，我们的开发项目给客人带来了优质、高性价比、上佳客户体验等惊喜，受到了客户、政府和媒体的极大肯定。

2014年，我们在墨尔本成立了亚太开发公司（IFD），负责我们在墨尔本的开发业务，由亚太集团墨尔本董事、总经理边兰任总裁。IFD在墨尔本的处女作是华人最喜爱和集中的博士山市中心的白马大厦。为了保证工程的设计和建筑质量，我们选择了澳洲最老牌、具有一百五十年历史的APG作为联合开发商。在给该项目定位及定价时，我们决定把它建成真正的高大上，同时又用李嘉诚“给下家留点钱”的原则，说服我们的合作伙伴把每平米的均价定为八千一百澳元，而不是当初他们提出的九千五百澳元。由于地点好、设计好、价钱好，我们在年初开盘短短几周内就把五百一十套公寓全部售完，包括其中的五星级酒店，创下了墨尔本近年来的售楼纪录。白马大厦也是墨尔本CBD之外最大的商住两用项目。

到目前为止，亚太集团在澳洲和中国拥有十四家分公司，旗下还有两家房地产开发公司、一家物业管理公司和两家按揭公司。我们会以客户为中心，以培养团队为己任，以人为本，与时俱进，一步一个脚印地实现我们的愿景。我们的理想就是要成为整个亚太地区最有效的房产投资平台，帮助一部分人靠房产投资解决养老问题，实现财务自由！我们的理想就是要把财富带进千家万户！我们的使命就是成为客户最喜爱、员工最自豪、同行最仰慕的房产投资企业。

在我们的价值链上，有客户、开发商、员工和股东。我们首先要照顾好的是我们的客户。他们信任我们，并把他们退休后的养老、财务自由及资产重新配置的重任交给我们，我们深感肩上的责任很重。因此，我们要把服务做好，做细，做精，做到极致。我们要为他们挑选最好的房产项目，不光帮助他们买下投资房产，还要用我们的长期服务帮助他们留住所买的房产，直到房价翻倍、他们实现财务自由为止。价值链上的第二位是我们的员工。亚太集团作为专业房产投资公司，在招聘员工，特别是投资顾问方面，设置了很高的门槛，只接受出类拔萃的人。一般来说，来之前必须是房产投资者，还要是其他行业的佼佼者。因此，我们吸引了许多各行各业的精英。很多人进入亚太集团之前，已经在其他行业成功奋斗多年。他们当中不少人以前是我们的客户。他们认同我

白马大厦开工仪式

和戴蒙在海星开发集团的开发土地上

南澳州长（左三）参加海星开发集团阿德莱德最高住宅楼VUE开工仪式（2014年）

和好友、著名开发商Tim在2013年澳网半决赛上

们的投资理念、核心价值及以人为本的企业文化，他们多在以前的平台上遇到瓶颈，都希望在亚太集团这个开放、包容、分享且不断扩大的平台上大展宏图。价值链上的的第三位是我们的供货商（开发商及合资开发伙伴）。和一般的房产公司不同的是，亚太集团的项目部对所推荐的房产项目非常挑剔，对与我们合作的开发商也很挑剔，以保障我们投资客户的客户体验及长期利益。我们不轻易代理一个开发商或楼盘，一旦决定代理，就一定在规定时间内将楼盘卖掉。在我们看来，开发商把楼盘授权给我们代理，我们就要履行诺言，把所承诺的房产卖掉，以保证项目按时开工和成交。我们相信，只要把前三者的利益都兼顾到了，生意就会做得非常好，股东的利益也就得到了照顾。我经常和所有股东说，要想把生意做好，就要把自己忘掉，全心去实现客户、员工及开发商（及联合开发商）的价值。

多年以来，我们的多城市、多房型“组合型投资系统”在澳洲独树一帜。不管市场如何变化，不管别人在干什么或怎么干，亚太集团及其全体员工坚守核心价值，全心帮助客户在自住房以外购买四套以上投资房产，至少持有十至十五年，直到所投房产的价值翻倍，实现财务自由。

李嘉诚先生有很多经商的制胜名言，我特别喜欢和坚信的是，做生意要记得给下家留点钱赚，人家才会回来继续和你玩儿。这些年，亚太集团始终信守这一原则。我们在选择开发商时，也把这一条当作合作原则之一。不在乎买家、不在乎质量、利欲熏心的开发商名气再大，项目再多，也与亚太集团无缘。

在我认识的众多开发商中，有一个叫Tim Forrester的年轻人，虽然才三十二岁，却已有十多年的开发经验，他所开发的每一个项目几乎都获得了设计和建筑奖，地处South Brisbane最佳地段的Austin今年刚被一个国际建筑机构评为澳洲“最佳高层公寓”。不像有些开发商，Tim做人极其低调。尽管他父亲曾经创建了澳洲最大的上市开发公司之一，由于从父辈那里学到了很多开发、经商和做人的精髓，他靠自己开发和早年买地的眼光，在短短十几年中为自己和家族创造了更多的财富。很多开发商一坐下来，就和我谈他们做得多大，赚了多少钱和他们多有钱，Tim完全不一样。尽管他银行里的现金就比有些上市开发公司的市值都高，可每次坐下来他只是带着无限的激情谈论他在项目设计和建造上的不断完善，谈论下一个项目又有哪些改进，如何不断提升客户体验。

Tim和我一样，都是Jim Collins的《Good to Great》这一商业名著的粉丝，都矢志于把自己的企业做成行业里最好的。他要把ARIA做成澳洲最好的住宅地产开发商，我要把亚太集团做成亚太地区最好的房产投资服务商。Tim的每一个开发项目严守四佳：最佳地段、最佳质量、最佳零售、最佳客服。很多商住两用楼的开发商急着把底楼的商铺拼成小块儿卖掉，至于谁买，能否租出去，何时租出去，租给谁，他们根本不管。只要能交房，他们第一时间收到钱后就远离这个项目，再也不想回来，再也不想管了。这就是为什么悉尼有些公寓楼成交一年甚至两年后底楼的商铺仍然空着的原因。而Tim知道，底楼高质量的零售（餐馆、咖啡店或专卖店）会直接影响楼里居民的生活质量和投资房的升值。因此，Tim从来不卖掉底楼商铺，而是自己留着，并出高价补贴城中最有名的餐馆、咖啡馆或零售店到底楼开分店，且保证房子交割时底楼店铺已经开张营业，欢迎买家或租客入住。名餐馆给整个大楼带来人气和高品质的生活氛围。我是Tim的粉丝，几乎他所开发的每一个楼盘我都买一套。他所开发的项目每次都被私下一抢而光，从不需要做广告。

尽管布里斯班房市仍在预热，在今年第三季度即将交工的ARIA Botanica项目中有一套房子已转手售出。2013年11月的楼花价是六十五万，尽管大楼尚未完工，最近售出的价格却达到了七十八万，增长率高达百分之二十！

亚太集团的“船长”

由于ARIA项目的品质、地理位置、稀缺性和获奖口碑，买主多是用来自住或作为长期投资的，很少会在短期内出售房子。所以，我们最近在南布里斯班区只找到五套这一两年完工再出售的交易记录。和初始购买价相比，平均增值分别达到了百分之八点五四（一卧室）和百分之二十多（两卧室），这是非常罕见的增长。我们同时也作了其他开发商类似项目的再售交易记录比较，价格增长率在负百分之四点六左右。虽然地理位置和交易时间都接近，结果却大不一样。

Tim和我都是苹果和乔布斯的粉丝。一年半前，我俩在墨尔本看澳洲公开赛男单半决赛时有约：他要把ARIA开发的项目做成苹果，我要把亚太集团的服务做成苹果！

随着移动互联网科技的发展，世界上不断出现新的互联网公司，给人们生活既带来方便，又对很多传统行业带来冲击和颠覆。地产行业是众多传统行业中可能被颠覆的一个，但由于其特殊性及复杂性，要把它颠覆非常不易，但肯定会有人把这事做成。很多地产公司、互联网公司及创业者都在动这方面的脑筋。几个月前，我在悉尼做了一场题为《颠覆》的房产投资讲座，吸引了超出以往讲座近十倍的人报名参加。其中，不乏许多房地产同行来探风。大家都在期待，哪一天、哪家公司或哪个人出来，用移动互联网把房地产业给颠覆了。

我常和身边的同事讲，世界上敢想的人有，但敢想敢做的人少；敢做又能做成的人就更少；做成又能做大、做长久的人就更是凤毛麟角了。我相信，我是那种敢想敢做，能做成又能做大的人。我也在做自己的用移动互联网颠覆地产的梦。如果说1999年我是澳洲华人中第一个站出来教育并倡导利用房地产和银行的钱投资致富的，我希望自己既是全世界扶植地产百万富翁最多的人之一，也是最早颠覆房地产行业的人。当年，我决定辞掉外交官工作时用来勉励自己的话就是：事在人为。

经过多年在自己身边复制成功者，我坚信，成功是完全可以复制的。我当年来澳时几乎什么都不会，有的就是极强的成功欲望和在所不辞的刻苦态度。梦想使我找到了奋斗再奋斗的方向和方法。一次次的转场、一次次的提高，使我找到了突破人生瓶颈、创造事业新高

> 梦想使我找到了奋斗再奋斗的方向和方法。一次次的转场、一次次的提高，使我找到了突破人生瓶颈、创造事业新高的公式。过去十多年中，我用这种公式帮助很多人复制了我的结果，使他们从中低收入者变成了岁入数十万、百万、数百万甚至数千万的成功者。

和悉尼分公司5月出生的同事共庆生日（2013年）

的公式。过去十多年中，我用这种公式帮助很多人复制了我的结果，使他们从中低收入者变成了岁入数十万、百万、数百万甚至数千万的成功者。他们虽然在开始寻求突破时都有先天不足，但在梦想的驱动下，在改变了思维方式、环境、行业、平台后，都实现了质的飞跃。由于起步时的条件各异，他们所经历困难的程度和克服困难的时间有所不同，但他们都使用了同样的公式。

想当初，我为了自我证明辞掉外交官的工作是正确的选择，为了让父母再次为我骄傲，为了让自己的家人过上体面的生活，为了实现

和铁鱼成都董事、总经理范全原、铁鱼中国总裁徐明及铁鱼南宁董事、总经理李浩（2016年2月）

原始积累及财务自由，为了实现自己的人生梦想而不懈努力。如今我发现，给我带来最大快乐的却不是那些，而是帮助其他人更成功，帮助他人发现自身潜力，突破瓶颈，达到人生新高！每天醒来，当我意识到我对很多人有价值时，内心就充满了喜悦和满足。

一个人要想把自己的事业做大并找到成就感，一般要经历三个阶段：证明自己、复制自己、传播自己。我们离开学校、走进社会，都希望通过艰苦奋斗给自己和家人带来体面的生活，证明自己不比他人差。之后，更希望在自己创建的平台上复制自己，培养很多成功者。当事业真的做大了，也复制了自己，就可以把所经历的过程结晶出来，让它变成一种思想、一种精神去传播、扩散，去启迪和影响很多人在各个人生领域去奋斗，去追梦，去实现突破。

2012年我五十岁生日时，租了悉尼港湾最大的游艇，和亚太集团的同事一起分享了这一特殊时刻；还给自己买了一辆玛莎拉蒂跑车作为奖励。去年，我又买了我在澳洲的第二辆宾利。可惜的是，当我把车从车行开走时，竟然没有感到任何兴奋。唯一让我兴奋的倒是，我买这辆车，帮助车行添了一份销售业绩。

2013年3月，我准备去上海出差。出发前三天，我在一份地区报纸上看到了一则住房广告。我被广告上迷人的悉尼港湾景色迷住了。那天下午，我约中介去看房。由于和开发商吃午饭晚了一些，我有点迟到。中介面有不快之色，可看着我开了辆玛莎拉蒂，态度还算友好。我到房子里楼上楼下看了五分钟，确定景色和广告上的一样，就离开了。第二天，我太太小叶也去看了一眼。第三天是周五，我启程去上海。第四天，周六，这套房子拍卖。

当时悉尼房市已经很热，报上时常报道中国买家在拍卖市场上以创纪录高价买走某某豪宅。这套房子拍卖前的一个周六，五个来自中国大陆的家庭为买下悉尼最名贵的东区Vaucluse一套六睡房豪宅，在拍卖会上豪争，最终一个家庭以很高的价钱拿下。

星期六拍卖时，我在上海，小叶只身前往拍卖现场。当天我要在上海做澳洲房产投资讲座。悉尼中午12点（北京时间10点）拍卖开始。我和小叶已经说过，只要喜欢这房子，志在必得！拍卖开始后，我等着小叶的电话。结果小叶一出价，把其他买家全吓住了，没有人再敢出价。三天前，我们才看到的这所坐享悉尼港湾全景的房子竟然成了我们的了！我的梦想又成真了。很多人买这样一所房子要看很多很久，要做各种报告以保证这个房子没有问题。而我们习惯了用大智慧来做这类决定。一所犹太富豪自建和居住的房子基本不会有问题！我们这种看准了就行动的习惯，使我们拥有了这所稀有住宅。

我终于实现了住在悉尼歌剧院对面的梦想！

梦居有了！玛莎拉蒂买了！下一个目标：波音737商务机！

从我家阳台看悉尼港湾

铁鱼南宁和铁鱼成都部分同事（2016年2月）

和铁鱼深圳同事在一起（2016年2月）

与悉尼St.Leonards团队

款待亚太集团公司总部部分员工

亚太集团斐济年会

亚太集团汉密儿岛年会（2013年）

和亚太集团St.Leonards团队庆祝佳绩（2015年）

墨尔本创业课程后

亚太集团布里斯班的部分同事

亚太集团墨尔本旗下专业物业管理公司亚太地产于2015年初开张

亚太集团高管会（2016年2月）

# 后记

自2008年以来，我创办的亚太集团（Ironfish）又在悉尼的Burwood、西澳的珀斯及墨尔本的St.Kilda路开设了分公司，同时还成立了自己的物业管理公司及开发公司，在继续扩大经销网络的同时，开始自己的地产开发项目及物业管理业务，扩大了对客户的服务范围。到目前为止，亚太集团在北京、上海、深圳、南宁、成都开设了五家分公司，还将在中国其他重要的一二线城市及世界各地开设分公司。亚太集团的地产投资服务品牌——铁鱼置业在中国赢得了很高的美誉度，也将成为世界知名品牌。

在中国，我创办成功学校的梦想也在努力实现中。经过一段时间的酝酿、筹备，“80创成”于2010年9月在北京诞生。80创成是怎么来的呢？那还得从我在北京大学的几个同班同学说起。

王劲当年是我们班有名的帅哥，又是大才子。他中学毕业于北京外国语大学附属的外国语学校。大学毕业后考取北大法律系研究生，从师于著名国际法专家王铁崖教授。之后，获美国富布赖特奖学金赴美国伯克利加州大学攻读法学博士学位。1985年我离美回国前路过洛杉矶时，还在当时王劲住的地下室借宿一夜。伯克利加州大学毕业后，他先后就职于美国几大著名律师事务所，后来进入世界著名企业哈尼韦尔（Honeywell）和荷兰皇家壳牌公司工作。

于晓是我们当年在北大的老班长，也是西语系的学生会主席。1980年高考他是全国文科第三名，英语单科状元。考入北大前他当过几年兵，比我们都大几岁。大学期间虽然我们交往不多，但他的苦读和笑声给我留下了很深的印象。他不仅爱笑，而且声音很大，极有感染力。本科毕业后于晓考上北大西语系著名教授李赋宁先生的研究生，攻读英语语言学。毕业后，他进了中国社科院社会学所，参加了《中国大百科全书·社会学卷》的编纂，还翻译了马克斯·韦伯的名著《新教伦理和资本主义精神》。之后，他又赴美国洛杉矶加州大学攻读社会学博士学位。大学期间，同学们都以为于晓日后不是成为大学问家就是政治家，可没想到他后来竟弃学从商，放弃博士学位，回国创业，成为了一名成功的企业家，在汽配和金融业颇有成绩。

陈学毅是我在北大期间的好朋友，也是我们八〇级英语专业的大才子。他和我在西语系英语专业及国政系文化交流专业同窗六年。毕业后，他留在国政系任教。后来分别在英国牛津大学和美国圣约翰大学研读历史。回国后，学毅在电视媒体任职。

1998年，王劲作为哈尼韦尔集团一家大型国际公司亚太地区法务总监，到悉尼出差。多年不见的我们仍保持着老同学的友情，见面无话不谈，从北大同学的一些近况说到将来一起在国内创业的设想。我告诉王劲，我们要再等至少十年，不过十年后的创业项目我已想好，那就是在我们积累了足够的成果和经验后，回国去鼓励和帮助国内的年轻人成长、成功。

2004年我回国时见到了从美国纽约归来的学毅。我跟他说，我将来回国创业，一定叫上他一起干。

2009年5月，我回京看望父亲时见到了王劲。他说老班长于晓在上海创业多年后最近正在家中休整，可谓“有钱有闲”。

2009年11月的一个寒冷的早晨，我约俞敏洪在北京金融街的威斯汀酒店共进早餐。其间，我们谈到和几位老同学再次创业，共同为面临就业难、创业难的大学生搭建服务指导平台的可能性。敏洪携王强、包凡一创造了尽人皆知的新东方神话，要是我们北大八〇级英语专业同班同学能再创奇迹，将是一件极大的乐事。谈话间，我们说到了王劲、学毅和于晓。

离开北京，我到上海拜访了大学时我特别佩服的老班长于晓。我和于晓多年没见。2009年11月，我去他上海的家中拜访时，发现他真是做到了有钱有闲。当时，他每天只做两件事：读书、健身。我把和俞敏洪讨论的想法同他说起时，他当即表示，非常愿意参与。

2009年12月，我和敏洪、于晓、王劲和学毅在北京相聚，首次共同商讨我们的创业计划。

2010年3月，敏洪和我在河南郑州大学一起做了一场公益演讲，并接受了河南电视台《对话中原》节目的采访，就大学生择业、就业及创业交流了看法。也正是在郑州的短暂见面中，我和敏洪商定了和于晓、王劲及学毅共同创业之事。我们知道，这个事业非常有意义，但做起来并不容易。这意味着我们大家都要克服一些困难。敏洪要在百忙中抽时间指导和帮助我们。对我们每个人而言，这都是全新领域。于晓要暂时放弃在上海的舒适生活，离开家人到北京创业，回到单身汉生活。王劲已在壳牌（中国）做了几年法务总监，有可能要为我们的新事业作出牺牲，从壳牌辞职。学毅要辞掉在东方卫视的工作，举家从上海搬回北京。而我要在亚太集团快速发展以及孩子成长最关键的时期，每月拿出一半的时间回北京创业。

2010年大学生就业难的问题已经非常突出，成为中国社会关注的重大事项之一。我当时的想法是，一定要在这一年把我们为大学生做事的大旗举起。2010年10月，80创成在北京正式成立，我们开始了一个任重而道远的奋斗历程。

为什么叫“80创成”呢？首先，我们五个人都是北大80级英语专业的同班同学；另外，“8”代表财富，“0”表示思想归零，“创成”取“创造”、“成功”之意，即人要先去创造才有可能取得成功。

80创成致力于为当代青年人搭建一个权威、诚信、互助的平台，通过整合先进的中外教育理念和丰富的社会实践资源，为大学生群体提供培训——培养交互式职业成长体验。80创成坚信，积极的职业规划与核心的职业竞争力的结合，能够实现人才资源与社会需求的有效对接。80创成有信心培养出更多创新型青年领袖，创造积极的影响力，推动社会的进步。

80创成的事业得到各方人士的大力支持。我要借此机会感谢沈建国、何荣林、曹小红、周勇、白大平、孙路弘、王剑侠、叶有明、刘东海、边兰、梁潇等为80创成及国内大学生所作的无私奉献；感谢80创成全体同仁对我们这一伟大事业的支持和贡献；感谢所有关心和参与80创成的同学及各界人士。

有人问我，每天这么忙碌，每月往返于悉尼和北京，是否感觉劳累。其实，当一个人每天都在做自己热爱的工作时，工作就会真正成为一种乐趣。我认为自己很幸运，因为我每天都在做着自己热爱的事。我也特别要感谢我太太小叶和儿子、女儿对我及我所从事的事业的全心支持！

如今到了2015年，80创成在经历了多次试错以后，终于找到了服务大学生的最佳平台——实习Plus，专门为大学生寻找实习和就业岗位，为企业推荐合适的实习生和员工。

80创成精英课黄埔一至五期的优秀学员毕业后带着梦想的基因和奋斗精神，怀揣在精英课上学到的成功理念及公式，已经在职场或商场脱颖而出，不仅实现了十万以上年薪的最初目标，而且已经向百万年收入进发。他们当中，有的已经提前实现了年入百万的目标，也有一批优秀学员进了我们亚太集团在中国的平台——铁鱼置业。

《成功可以复制：一位北大学子的成功秘笈》的精髓在于，它是我成功经验的总结。我将自己的理念及方法归纳成了一个人人可以复制的公式，依此公式，我复制了很多成功者。《成功可以复制：一位北大学子的成功秘笈》希望更多的读者朋友大胆去追求自己的梦想，能够成功或更成功！

2015年9月16日

于悉尼

在悉尼市政厅投资演讲会上（2010年）

亚太集团在悉尼举办澳洲最大地产投资讲座（2010年）

俞敏洪和80创成部分学员及同事（2011年）

80创成CEO于晓和亚太集团董事苏珊（2011年）

和于晓及粉丝在墨尔本（2011年）

和本书责任编辑萧晓红（2011年）

在《从自行车到宾利》英文版签售仪式上（2009年）

在天津电视台“今天我面试”节目80创成专场录制现场（2011年）

和十岁的小读者

附录一

## 澳大利亚前移民及多元文化部部长致本书英文版

来自世界各地的很多人在澳大利亚定居。每七个澳洲人当中就有一个出生在海外。这个比例高过除以色列和卢森堡以外的所有国家。

这是因为澳大利亚政府为难民、技术移民及其亲属所制定的定居措施行之有效。

澳大利亚各社区之间的关系虽仍有待完善，却胜过世界大多数其他国家。之所以如此，是因为澳大利亚公众欢迎由政府妥善管理的、有助于国家利益的合法移民。当今，人们对移民政策的支持超过近年来的任何时候。

移民政策的实施建立在没有国家、民族、文化或种族歧视的基础上。鉴此，澳大利亚行之有效的移民政策创造了很多成功人士。

这其中的一位就是约瑟夫·周(周华的英文名)。他是一位卓越非凡的澳籍华人。首先，他是一位好父亲、好丈夫。同时，他也是一位胸怀大志、敢于冒险，并富有远见之人。他是移民在澳成功的一个典范。为了实现梦想，他经受了许多艰难困苦。

在阅读周先生的书时，我们可以看到他人生道路上的重大变迁。周先生及夫人为了追求财务自由与成功，承担了巨大风险。

周先生的书讲述了一个移民到澳大利亚来寻求更美好生活的故事，就像很多其他移民一样。作为前移民部部长，我目睹并听说了许多类似的移民成功故事，但很少有像周先生的故事如此感人和错综复杂。

良好的移民政策就是为了开创澳大利亚的未来，从而使所有像周先生以及他的家人这样的人们能获得财务自由和成功。

澳大利亚是一个伟大的国家，并因为有了像周先生及他的家人这样的人们而更加伟大。

澳大利亚前移民及多元文化部部长

菲利普·雷铎

# 附录二

# 澳洲航空公司前总裁致本书英文版序

我第一次见到约瑟夫·周(周华的英文名),还是在2007年4月。我之所以去见他,是因为有人推荐我做他和他所领导的亚太集团(Ironfish)的专业导师。

首次见面的目的是,让周先生看看我是否能够辅导他,还看看我俩性格是否合得来。

自那次会面,我对他的积极印象一直保持至今。他不仅善于聆听、敏于思考,当他认为我的建议对亚太集团的未来有帮助时,他还是个果敢的行动者。

在第一次会面中,他给我印象最深的是他对自己的生意那近乎虔诚的痴情,他对五年后企业发展远景的清晰看法,以及在把远景变成现实过程中亚太集团员工所起的重要作用。

他是一位真正的企业家,似乎对于把辛苦积累的全部财产倾注到亚太集团心甘情愿。他的自信能打动所有见过他的人。我认为,这是他的一个非常了不起的个人素质,而且我坚信,这也是为什么很多人曾经而且继续被他和他的企业的发展壮大所感染的原因。

阅读此书时,你会了解到,这种自信如何驱使周先生去做一些很多人只能梦想的事,并取得一般人可望而不可及的成就。

在对他的进一步了解中,你会惊异地发现,尽管他是一个志向极高并专注结果之人,但性格并非咄咄逼人。事实上,他性情温和,而且在日常与人交往和做生意时均能敬重他人,并富有人情味。

他还乐于读书,广泛浏览了许多由世界集大成者所著关于经营战略、有效实施、人际管理等方面的经典著作。周先生在谈话时为了说明某个观点或者强调某种预期结果，经常会引经据典，妙语连珠。

作为一位具有极丰富背景的人，周先生在适应环境、人、语言、生活方式和文化变化方面的能力令人折服。生活在外交官的各种优越待遇下，一个人很容易感到自己在生活方式、生活环境和自信心方面已达到了巅峰，而周先生选择放弃一切，从零做起，靠智慧和勇气去面对每天的不利因素及新的挑战，就证明了我刚才提到的那种自信。

周先生决定迅速扩展生意时所处的经济环境极具挑战性，但这丝毫没有影响他的决心。他具有一种将一般人认为消极的因素变成商机的超凡能力，而且事实证明，他的决定总是正确的。

有些雄心勃勃的人允许工作和工作压力控制他们的生活，并因此失去了家人和朋友。而周先生则在工作及生活的其他方面找到了一种平衡，不让工作完全侵吞他的生活，并留出时间去享受生活所带来的其他奖赏。

他酷爱名车，并非那种倾尽痴情的酷爱，而更多是用名车来衡量自己和他人的成功。他把购买一辆好车当作完成一个既定目标的自我奖励。其他成功者可能喜欢金钱、游艇、豪宅或去异国他乡度假，而周先生则喜欢名车。

当你见到周先生时，和我当初一样，会深深地被他对生活、生意和成功人生的极大热情所感染。我相信，在阅读周先生的书时，你会被带进约瑟夫·周那令人心旷神怡的“可能”世界之中。

**澳大利亚航空公司　澳大利亚波斯伍德有限公司**

**前总裁　约翰·夏普**